不過是具屍體

挨刀、代撞、擋子彈……
千奇百怪的人類遺體應用史

Mary Roach
瑪莉・羅曲——著
林君文——譯

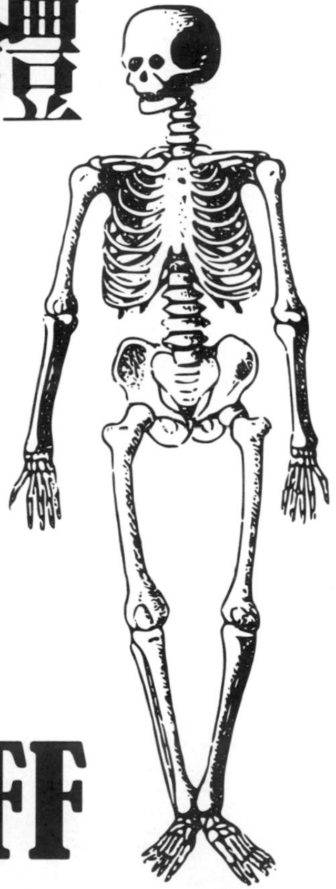

STIFF

The Curious Lives of Human Cadavers

目次

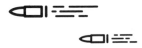

「臭皮囊」的應用史

蘇上豪（外科醫師、金鼎獎得主）

能捨一切諸難捨
財寶妻子及國城
於法內外無所吝
頭目髓腦悉施人

《無量義經・德行品》

相信讀者開始閱讀瑪莉・羅曲的《不過是具屍體》這本書時，一定會對內容感到十分新奇與震驚，甚至隨著其中揭露的故事更感覺到詭譎和陰森恐怖，但是若能瞭解西方醫療史的發展過程，我想大家就不會那麼大驚小怪了。

在文藝復興之前，西方社會對於逝世人類的遺體是抱著戒慎恐懼、而且是不可侵犯的態度，以至於研究人體構造的解剖學停滯不前，因此醫學教科書充滿著錯誤的概念。舉個最簡單的例子，從希臘羅馬時代以來就被奉為圭臬的人體解剖教科書，其作者也是一代名醫的蓋倫（Galen），他的解剖研究對象是與人體相近的猩猩，以至於闌尾（Appendix）這個人類獨有的器官，在達文西的《大西洋手稿》中才被畫出來，憑空消失了一千多年。

等到文藝復興之後，由於教會控制的力量逐漸式微，解剖人體不再是禁忌，在教皇特許、甚至背負著「瞭解造物主是如何偉大」的前提下，大學裡開始利用某些絞刑死亡的犯人，進行人體解剖的課程。某些大膽的藝術家，諸如米開朗基羅、達文西等人，更可以在教會的停屍間接觸人體解剖，進而畫出那些精確結實的肌肉線條，將畫作及雕塑等帶到另一個不同的境界。

可惜的是，開放風氣不見得能帶出新穎的概念，有時反而容易被利用，變成錯誤、甚至是迷信的觀念。所以我們可以看到在《不過是具屍體》中，有些令人毛骨悚然的藥方出現，例如木乃伊糖蜜、死人脂肪、全盛閨女的經血、人類頭骨的酊劑等等，更可笑的是執行死刑的劊子手，還被普羅大眾認為有特別魔力，相信他們可以在晚上利用其執行死刑的手，透過觸摸的方式替人治病——如果讀者們不信，可以查一下英文單字「moonlight」的來源，它的動詞叫作「兼差」，指的就是在月光下工作、兼差當醫師的劊子手。

上述種種恐怖概念雖然是錯誤認知，不過卻是當時盛行的「風尚」，所以當我們看到達文西如何評論加入「死人組織」的藥方時，大概也不會覺得驚奇了：

> 我們利用逝世的人來讓自己存活……沒有生命的組織如果在活人的胃裡再組合的話，它是會再次獲得生氣而充滿活力的！

對於死亡大體的觀念如此開明，讀者們就不難體會，為何十六世紀後原本藉由接受絞刑的犯人屍體進行的解剖課程，會在外科醫師的主導下，變成一場「時尚」解剖秀。除了要花大把銀子才能進場外，甚至後來的倫敦、巴黎等大都市的解剖秀還要盛裝出席，因為看完令人血脈賁張的人體切割與肢解後，大家肚子會餓，需要豐盛佳餚祭祭五臟廟。

所以，當我們在觀賞十七世紀荷蘭著名畫家林布蘭（Rembrandt）的名作〈尼可拉斯・杜爾醫師的解剖課〉（*The Anatomy Lesson of Dr. Nicolaes Tulp*）時，就可以瞭解這只是為了八位醫師而創作的「炫富畫作」，和之前某位「白目」的女性藝人在阿帕契直升機前敬禮的照片有異曲同工之妙，可比十七世紀的「臉書打卡」——這種解剖秀，直到十九世紀末因為人道考量才淡出市場。

透過我的說明讀者應該可以瞭解，由於西方這數百年來覺得亡者大體沒有什麼特別，因此本書中有關它們種種的試驗或觀察，看起來就不會覺得那麼可怕，反而更能領悟，逝世的人捐出遺體是「成就大愛」：例如把頭顱獻給整形外科做拉皮手術的瞭解與練習，或是車輛碰撞意外以大體為受力的觀察，更有甚者，捐贈大體只是任意擺在室外腐爛，藉此觀察變化作為刑事鑑識的重要判斷依據。人類死亡後的軀殼，在此發揮了最大的「剩餘價值」。

書中內容可能有人看了於心不忍，覺得研究人員對他們不夠尊敬，但套句書中某位研究人員所說的，這些研究成果因為「研究的人道利益」，已經遠勝「任何尊嚴的破壞」。

當然書中還是有其他議題值得大家一探究竟：例如作者談到腦死的爭議、接受器官移植後患者的有趣觀察，還有目前對於遺體不以火化，卻以類似「堆肥」技術處理，以及有三萬八千人急著登記讓自己死後能被「塑化」作為展示品等處而有所著墨。種種議題還需要讀者仔細瞭解箇中祕密，在此不便多說，以免破了太多的哏。

我是個佛教徒，十分認同身體不過是具臭皮囊，「心是惡源，形為罪藪」，不必太過眷戀它，而且我還認為在特定狀況下，利用它的「剩餘價值」救人也不為過，就如同《無量義經》中「於法內外無所吝，頭目髓腦悉施人」一樣，鼓勵大家發揮這個臭皮囊的妙用。因為自己身為心臟外科醫師，同時曾參與不少「心臟移植」手術，僅希望《不過是具屍體》一書能讓大家破除「身體髮膚受之父母，不敢毀傷」的狹義概念，和我一樣簽下「器官捐贈卡」，以便日後必要時能將自己「臭皮囊」的「剩餘價值」，延續在另一個急待拯救的患者身上！

序

死亡，絕非一成不變

依我看呢，死亡跟坐上一艘遊輪恐怕沒什麼兩樣。大部分的時間你都躺在那兒。腦袋關機，逐漸放鬆肌肉，沒什麼新鮮事發生，也沒人指望你成就些什麼。

如果我得搭上一艘遊輪，我寧願那是趟研究之旅，乘客雖然多半時間心神恍惚，蟄伏度日，但有時說不定可在科學家的研究計畫中幫上點忙。這樣的航行載著乘客駛向未知無垠的國度，給予他們若非此次航行便不可能會擁有的經驗。

我想當具屍體的感受大致如此。既然可以做些新奇有趣、「有點用處」的事，那又何必呆躺在那兒顯得一無是處呢？每項外科手術的突破，從心臟移植到性別再造手術，屍體一直守在外科醫師身旁，以它們靜謐、獨特的方式創造歷史。兩千年來，無論屍體情願與否，都參與了科學最大膽的邁進、最怪異的事蹟：法國測試第一座斷頭臺（所謂絞刑之外的「人性化」選擇）

時，屍體在場；為了測試最新的防腐技術，處理列寧遺體的實驗室中，屍體在場；為了強制汽車安全帶的繫用，國會聽證會裡，屍體在場（它們出現在書面報告中）；它們搭乘過太空梭（好吧，其實是屍體的某些部分搭過），幫助田納西一名研究生解開人體自燃的奧祕，也在巴黎一處實驗室中被釘上十字架，以驗證杜林殮布（Shroud of Turin）的真偽。

為了交換這些經驗，屍體願意大量地失血。它們被肢解，切割，重組。但是注意了：它們不需「忍耐」任何痛苦。屍體是我們的超級英雄：它們不把烈火當一回事，毫不退縮，禁得起從高樓墜下或從車內正面撞牆的衝擊；向它們開槍，或是以高速遊艇輾過其腿部，也不會多吭一聲；就算是斷了頭也無傷；還可以同時身處六地。我建議用看待超人特異功能的方式來看待屍體：要是虛擲這些功能而不用在人類福祉上該有多麼可惜。

本書探訪的是死亡後才成就的功績。有些人在世時的貢獻早被遺忘，但在書中、期刊中卻能永恆不朽。我的牆上掛著費城內科醫師學院（College of Physicians）穆特博物館（Mütter Museum）的月曆。十月分的畫面是一張人皮，布滿了箭號和隙縫；這是被用來測試縱向或橫向切口哪一種較不容易撕裂皮膚。在我看來，死後成為穆特博物館的展示品或醫學院教室中的骸骨，就好比死後將遺產捐給公園，名字因而刻在長椅上一般，是件善行，一種想達到恆久不朽的企圖。本書講述屍體的親身經歷，那些時而怪異、時而悚慄，但一定懾服人心的事件。

這倒不是說就單純躺在那兒當具屍體有什麼不對。腐爛本身也挺有趣，我稍後會多加著墨。只是說，作為屍體，總還有其他方式打發時間：在科學研究中湊熱鬧、當件藝術展覽品、成為大樹的一個部分，還有其他選擇任你考慮。

死亡不一定非得那麼無聊。

有些人會反對我的說法，認為除了土葬和火葬以外的選擇皆是對死者的不敬。我猜對他們來說，撰述那些選擇也算不敬。許多人也許會認為此書對死者不尊重，他們會說死亡一點也不好玩；但是啊，我想替死亡的幽默之處陳情。死亡是荒謬的，你再也找不著比死亡更詼諧的情境，你的四肢軟綿綿的不聽使喚、你的嘴巴懸垂著。死了之後你就是一具臭皮囊，難看得令人發窘，卻無可奈何。

這本書說的不是生命逝去當下的死亡。生命的燃盡是悲傷沉重的，失去所鍾愛的人，或是即將拋下所愛的人世，何等沮喪。這本書談的是已成定局的死亡，是那些默默無名、螢光幕後的死屍。我所目睹的屍體並不陰沉、噁心，也不會引起錐心之痛。它們看來恬靜祥和，有時沾染著哀傷，有時又興味盎然。有些屍體外觀美麗，有些則醜怪。有些穿著運動短褲，有些裸著身子，有些支離破碎，有些則完整如初。

它們與我無親無故。無論一個實驗有多有趣多重要，若是發生在我認識喜愛的人身上，我也沒辦法睜眼旁觀。（有些人不然。巴爾的摩馬里蘭大學〔University of Maryland〕負責解剖捐獻計畫的韋德〔Ronn Wade〕告訴我，多年前有一位婦女要求觀賞她亡夫遺體的解剖。韋德婉拒了。）我有這樣的感覺並不是因為目睹解剖過程是侮蔑、錯誤的，而是因為情感上，我無法將眼前的屍體和先前的活人截然二分。屍體不只是屍體，它是親友得以緬懷的憑藉，是收納頓失對象的種種情緒的容器。而在科學中相遇的死者總是陌生人。[1]

讓我告訴你我生命中的第一具屍體吧。我三十六歲，屍體享年八十一歲。它是我母親的。注意，這裡我用的是所有格「我母親的」，好像在說屍體屬於我的母親，而非屍體「曾經」是我的母親。但母親從未是具屍體，沒有人是。你曾是個活人，接下來，你不再是個活人，屍體取代了你的位置。母親走了，屍體是她的軀殼。或者說，對我而言就是這麼一回事。

那是一個溫暖的九月早晨，葬儀社通知我和哥哥瑞普（Rip）在教堂儀式前一小時抵達。我們以為有什麼未完成的書面手續。殯葬承辦人領著我們走進一間空曠、陰暗、肅靜的房間，房內懸掛著厚重的帷幔，冷氣教人直打寒顫。房間一角停著棺木，在停屍間裡，這很稀鬆平常。瑞普和我兩人彆扭地站在那兒。承辦人清了清喉嚨，望向棺木。也許我們早該認出那只棺木，因為是我們親自挑選，而且前一天才付款的。但是我們沒有意會過來。最後那人只好走過去，並向我們示意，微微欠身，好像領班帶著客人走向餐桌。就在那兒，順著他手掌張開的方向，我母親的面容出現在眼前。我們並未要求瞻仰遺容（viewing），因此我沒有預料到，況且葬禮儀式以蓋棺方式進行。但無論如何，我們都看到了。他們梳理了她的頭髮，臉上也上了妝。他們十分盡責，但我有種上當的感覺，好似我們要求的是基本洗車服務，最後業者卻自作主張，為車子做了細部整理。我有股衝動想說：「喂，我們可沒說要這項服務。」當然我保持沉默。面對死亡，我們只有無能為力地維持禮貌。

承辦人告知我們有一個鐘頭的守靈時間，接著默然退出房間。瑞普望著我：「一個小時？」我們和已經死去的親人相處一整個小時要做什麼？母親去世前長年臥病在床；那時我們早已哀慟悲泣過，也道過永別。這就像是一塊派被端上桌，你卻胃口盡失。我們覺得離開太失禮，畢竟他們費了這番工夫。所以我們走近棺木以便看得更清楚些。我將手掌置於母親的額頭上，一方面是出自於溫柔，一方面也為了感覺她的皮膚。冰涼如金屬或玻璃。

要是在一星期以前，這個時間母親會讀著《峽谷報》（*Valley News*），玩著填字遊戲。就我所知，過去的四十五年來，她每個早晨都玩填字遊戲。有些住院的時光，我會一起坐在病床上，一塊兒解題。她久病不起，那是她少數還能從事並享受的活動。我看著瑞普。我們要不要一起玩最後一次的填字遊戲？瑞普到車子裡拿報紙。我們倆靠在棺材上，大聲讀出提示。就在那當下我哭了。那個星期總是被小事情勾動我的情緒：在她梳妝臺抽屜中找到賓果中獎券，從冰箱中清出十四包分裝的雞肉片，每袋皆以她謹慎的筆跡標示著「雞肉」。還有填字遊戲。看到她的遺體，我心中升起奇特的感覺，但並不悲傷。那不是「她」。

我發現過去這一年來最難適應的並非我見過的屍體，而是當別人得知我要出書時，如何面對他們的反應。人們知道你的書即將出版，希望能分享你的興奮，想要說些讚美的話。但一本有關屍體的書成了對話中的「搗蛋鬼」。寫篇屍體的專題文章是不錯，但一整本書則讓你的人格變得大有問題。「我們知道瑪莉個性古怪，但現在呢，我們在想她是不是腦袋壞了。」去年夏天我在加州大學舊金山分校醫學院圖書館櫃檯準備辦理借書時，就經歷了這樣的時刻。那情境總結了寫本關於屍體的書是怎麼一回事。一個年輕人正盯著電腦上我的借書記錄：《防腐之實施準則》（*The Principles and Practice of Embalming*）、《死亡化學》（*The Chemistry of Death*）、《槍傷》（*Gunshot Injuries*）。他接著看看我正要借的書：《第九屆史戴普汽車撞擊會議記錄》（*Proceedings of the Ninth Stapp Car Crash Conference*）。他什麼也沒說，也不需要說，他的眼神已經說明一切。通常要借書時，我總有被質疑的準備：妳為什麼需要這本書？妳打算幹麼？妳究竟是什麼樣的人？

他們保持緘默，所以我也沒多作解釋。但是我現在要開誠布公。我的好奇心旺盛，就像所有的記者一樣，我有窺視的欲望，凡是我認為精采的事物，皆能激發我的靈感。我以前是個旅遊記者，我旅遊，是藉以逃開已知、平庸的世界。但經年累月，我必須愈逃愈偏遠。等到我發現自己已第三次在前往南極洲的路上，我開始從身邊搜尋、開始在罅隙中尋找異地奇景。科學就是這塊異土。死亡科學尤其特殊奇妙，它令人望之卻步，卻又召喚誘惑著你。去年我造訪的地方皆不如南極洲壯麗，但獨特有趣之處毫不遜色，而我希望，其中的故事與極地風光一樣，值得與讀者分享。

註釋

1 不過並非總是如此。有時，解剖室的學生會認出屍體的身分。加州大學舊金山分校（University of California, San Francisco）醫學院解剖學教授派特森（Hugh Patterson）說，他「二十五年來看過兩次這種情形」。

1 頭顱要是任意丟棄，那就太可惜了
在死屍上練習開刀

人頭的大小、重量和一隻烤雞相去不遠。從前我一直沒有機會將兩者作比較，那是因為我之前從未目睹一顆頭顱被端放在烤盤上的景象。但現在可有四十顆頭呢！一盤放一顆，臉部朝上，安靜地停放在那看來像是寵物飼料碗的容器上。這些頭是為整形外科醫生準備的，兩人共享一顆頭，用來下刀練習。當時我正準備旁聽臉部解剖和拉皮的專門課程，由一所南方大學醫學中心贊助，並由六位美國最炙手可熱的拉皮醫師指導。

這些頭顱安放在幾種拋棄式鋁材質烤盤上，其原因和烤雞被放在烤盤上相同：盛接滴下的油脂。就連在死人上動刀，外科手術也是整潔、井然有序的工程。四十張摺疊式工具桌上覆蓋著薰衣草色塑膠布，烤盤呢，則工整地放在桌子中央。皮勾和牽引器一列排開，有如餐廳裡的餐具擺設得一絲不苟。整個地方看來就像個外燴酒會會場。我對負責安排今早研究課堂的年輕女士說，薰衣草的淡紫讓房間染上復活節派對的活潑氣氛。這位名叫泰瑞莎的女士說，薰衣草是特別挑選的顏色，因為有舒緩心情的效果。

這使我大為訝異，沒想到整天割雙眼皮和抽脂的醫生也需要好心情，但無論如何，切割下來的頭顱使專業人士也不禁心煩氣燥。尤其是那些剛出爐的（這裡「剛出爐」意指尚未經過防腐處理）。四十顆腦袋都從這幾天才過世的人身上取得，看起來和活人的頭沒什麼兩樣。（防腐處理會使組織硬化，頭顱結構柔軟不再，手術過程也就不易反映真實狀況。）

此刻你還看不到這些頭顱的臉。在外科醫生抵達之前，它們在白布之下被掩蓋著。一進來，你只能看到一個個修剪完後短髮的頭頂。而這跟看著靠躺在一排排理髮院高椅、臉上敷著熱毛巾的老先生實在相去不遠。只有當你繼續通過成排的工具桌時，氣氛才開始慘澹。現在你瞧見頭部斷裂處，那些斷裂的地方沒被遮掩，血淋淋且粗糙不堪。我原先想像的頭顱是像熟食店舖的火腿一般切得乾淨俐落。而我看了看頭顱，又看了看淡紫色的桌巾，心情就這樣在驚嚇、舒緩、驚嚇之間來回擺盪。

這些頭顱十分短矬。若換做是我來切的話，我一定會留著脖子的部分，並且想辦法覆蓋流出來的凝血。但這些頭顱顯然是從下巴正下方被切斷，好似那些屍體穿著高領衫，而劊子手不願意傷及布料一樣。我心中不禁揣測起這是誰的傑作。

「泰瑞莎？」她正將解剖守則發散至各桌，一邊工作嘴邊還輕聲哼著歌曲。

「嗯？」

「是誰負責把頭切下來的？」

泰瑞莎答道，這些頭顱都在走廊另一端的房間裡被鋸斷，是由依芳（Yvonme）負責。我立刻脫口說出自己的疑問，依芳工作的特殊性是否會困擾她？泰瑞莎是否也一樣呢？畢竟，她必須將頭顱運至房內，將它們擺放在小鋁盤上。

「我的訣竅是，把它們想成蠟像。」

泰瑞莎採用的是一種歷史悠久的適應策略：物化。對那些必須經常與人類屍體為伍的人而言，將它們想像成硬邦邦的非人物體，的確好過多了（而且也比較精確）。對大多數的外科醫師來說，在就讀醫學院的第一年，身處大體解剖室時（普遍被稱作更貼切的「噁心實驗室」），就得精通物化這項功夫。學生手中的刀鋒將浸入或剜除內臟，而為了幫助學生去除人性的感覺，解剖實驗室的工作人員常將屍體以紗布包紮，然後鼓勵學生在過程中一步一步的解開紗布。

死屍的問題在於它們看來神似活人。這也是為什麼我們寧願享用豬排，而不是從整隻乳豬切下的薄片；這也是為什麼我們會說「白切肉」、「牛小排」，而不直述「豬」、「牛」（譯註：英文中食用肉品為求美感，以「pork」、「beef」取代「pig」、「cow」，以避免屠宰豬隻、牛隻的聯想，可說是一種否認機制）。解剖和外科手術指導，就如吃肉一般，需要一套精心維繫的假象與否認。內科醫師和解剖學生必須學著冷眼看待屍體，視其與生前的活人無關。「解剖這門學問，」歷史學家理查森（Ruth Richardson）在《死亡、解剖和赤貧者》（*Death, Dissection, and the*

Destitute）一書中寫到：「要求從業人員在面對另一副身軀遭受蓄意切割時，有效地暫停和抑制正常的生理和情感反應。」

頭顱，或更貼切地說，顏面尤其令人緊張不安。先前我曾在舊金山加州大學的醫學院解剖室待上一個下午，在那兒頭部和手部通常會被包紮起來，直到課程表上出現要解剖它們。「所以啦，這樣感覺比較不會那麼強烈，」一名學生後來告訴我：「因為那是你與人相處時會看到的部位。」

外科醫師逐漸在實驗室外的走廊集結，邊填表格邊高聲談話。我走出去是為了觀察他們、還是為了避免看到那些頭顱，我不確定。除了一位嬌小、深色頭髮的女子外，沒人多注意我，她靠邊站，緊盯著我。她一副來者不善的模樣，讓我決定把她想成是蠟像。我和這些外科醫師攀談，他們大部分都誤以為我是前置工作小組的一員。一位身著破舊褪色的V領衫、領口露出茂密胸毛的男子問道：「妳是不是在裡頭給它們注射水分呀？」他濃重的德州腔讓每個音節彷彿都上了一層糖霜。「給它們充充氣啊？」許多今天要使用的頭顱已經擺上好幾天了，就像冰凍的肉品一樣開始流失水分。他解釋，注射食鹽水可以保鮮。

我一回神，赫然發現眼神淩厲的蠟像女子站在我的身旁，要求我出示身分。我解釋負責這堂研究課的外科醫師邀請我到現場一探究竟。其實我這樣說並不完全符合事實，真相可能會用上諸如「甜言誘騙」、「死纏爛打」、「企圖收買」這類的字眼。

「發行組知道妳在這兒嗎？如果發行組不清楚的話，妳就得離開。」她大跨進辦公室，拿起電話就撥，邊講還邊瞪著我，就像低劣動作片中，那些安全警衛被史蒂芬・席格（Steven Seagal，譯註：好萊塢專拍動作片的武打明星）一棍敲昏前的模樣。

其中一位研究課的規畫人加入談話。「依芳在找妳麻煩嗎？」

依芳！這個礙事的人不是別人，就是負責砍頭的人。結果，她是實驗室管理人，負責善後任何意外：預防不中用的作家昏倒，或是反胃、回家動筆時居然將解剖實驗管理人描述成砍頭者。依芳掛掉電話了。她過來概述了她的憂慮。研究課的規畫人則再三向她保證一切沒問題。而這場對話在我腦中最後只以一句不斷重複的臺詞作結，那就是：**妳切頭顱，妳切頭顱，妳切頭顱**。

同時，我已經錯過揭開面紗的那一剎那。外科醫師已經動工，俯身面對著人類標本，距離近得跟戀人親吻一樣，還不時仰頭瞄著工作臺上方的錄影螢幕。螢幕上顯示的是某個旁白者的雙手，示範著頭部手術的程序。鏡頭以近距離特寫呈現，如果事前不明所以，根本無從知道鏡頭下的血肉是出自哪裡。搞不好是朱利亞・查爾德（譯註：Julia Child，美國知名烹飪節目主持人）在攝影棚觀眾面前將雞肉去皮也不一定。

研討會以複習顏面解剖開場。「從側邊至中間將皮膚從皮下層分離並拉高。」旁白沉穩地說著。外科醫師乖乖的將手術刀嵌入頭顱臉頰中，毫不費力就把那些面頰掀起，也沒有出血。「將眉毛周邊皮膚分離。」旁白繼續緩慢、平淡地說。我想敘述者的語調一定刻意避免過於興奮或愉悅，但也不要過於驚慌就是了。最後的效果是機械般鎮定的口吻。我想這是個好方法。

我在工作桌間來回踱步。那些頭顱看來像是萬聖節的塑膠面具，也像是人頭。由於我的腦中沒有任何前例可循，讓我得以接受人頭出現在桌上、烤盤上，或是任何在人體之外的位置，所以大腦選擇以一種較為迂迴的方式來解讀我眼前的景象：「我們在塑膠面具工廠中。妳瞧瞧這些和善的男工女工，孜孜不倦地製作面具。」從前我有副萬聖節面具，是個牙齒掉光的老人，嘴唇外掀，露出光禿禿的齒齦。現場就有好幾副這種面具：有一副朝天鼻外加下排牙齒外露的鐘樓怪人，還有一副裴洛（譯註：Ross Perot，一九九二年及一九九六年兩度參加美國總統大選的富翁）。

外科醫師看來似乎沒有不適或反感，雖然泰瑞莎後來告訴我其中一位受不了而離場。「他們恨透這項差事，」她說。「『差事』指的是在頭顱上動刀。我從他們身上僅感受到一股輕微的不安。我駐足在工作臺邊觀察時，他們轉向我，臉上帶著半窘迫、半惱怒的神情。如果你會忘了敲門就闖入洗手間，就知道是哪種表情。那神情告訴你，拜託快點走開。

雖然外科醫師不熱中於解剖死人頭顱，但他們依舊十分珍視這項經驗，在某人身上練習操刀探索，而不必擔憂沒一會兒他就要甦醒並起身照鏡子。「（手術過程中）你不斷看到某個組織，但不確定那是什麼，又不敢下刀，」一位外科醫師這樣告訴我。「我帶著四個問題來到這裡。」如果他能得到解答再步出這個房間，那意味著他花的五百美元頭顱解剖費值回票價。這位醫師拿起他的人頭，然後放下，調整位置，彷彿裁縫女工停車以便挪移她正在車製的衣裳。他指出這些頭顱被砍下並非殘忍的行為。它們應聲落地，是因為身體其他的部分可供使用：手臂、腿、器官。在遺體捐獻的國度中，浪費是要不得的。在今天的拉皮課前，這些頭顱已在星期一的鼻造型術解剖課中隆過鼻。

老實說，乍聽整鼻之初我嚇了一跳。即將離世的敦厚南方居民，為了增益科學發展而捐出遺體，結果竟淪落到隆鼻術的實驗品？難道南方的善心人士，即使是死去的善心人士，對自己的遺體下落毫無概念也沒關係嗎？或者說，「欺騙」使得這項罪行更加複雜？那什維爾（Nashville）范德比大學（Vanderbilt University）醫學解剖課程的負責人戴立（Art Dalley），專精於解剖遺體的捐贈史，稍晚我見到他時便提出這個問題。「完全不在乎的捐贈者多得驚人，」戴立告訴我：「對他們而言，這不過是處理遺體的實際作法，幸運的是，這真的既實際又能助人。」

雖然跟試驗冠狀動脈繞道手術相較，拿遺體做隆鼻測試比較站不住腳，但它還是有正當性的。無論好壞，整容手術已經存在，而且對那些必須歷經手術的人而言，醫師能夠善盡職責最重要。雖然啦，人們也許應該有權在遺體捐贈表格上勾選：我可以被用來進行美容實驗。[1]

我在第十三號解剖臺坐下，同臺的是加拿大外科醫生馬利納尼（Marilena Marignani）。馬利納尼有著深色頭髮、一雙大眼和線條分明的顴骨。她的頭（放在工作臺上的那顆）瘦骨嶙峋，有著相同強烈的骨相。兩個女人的生命以這樣奇特的方式交會：這顆頭顱並不需要拉皮，而馬利納尼也不常做這項手術。她的專長主要是重建整形外科。她只做過兩次拉皮手術，所以希望在替她朋友動刀前好好練一練。她帶了遮掩口鼻的面罩。這就奇怪了，因為切割後的人頭不怕感染。我問她這是否是心理上的一種自我保護。

馬利納尼答道，人頭一點也不成問題。「對我，手部才是難題。」她從工作臺中抬起頭說道：「因為妳握著這隻斷手時，它也回握妳。」死屍偶爾也會趁專業醫療人士不備之時，展現意外的人情味。一位解剖學生曾向我提及她曾在解剖室裡意識到屍體的手臂竟然抱著她的腰。在這種情況下，要繼續進行解剖無異是項困難的工作。

我看著馬利納尼小心探測這名女子暴露的組織。她仔細地親手操作，認識構成人類臉頰層層相疊的皮膚、脂肪、肌肉和筋膜，辨認其複雜的結構和位置。早期的拉皮技術只管把皮膚拉緊後縫合即大功告成，現代的拉皮手術一一處理四層解剖組織。這代表著這四層組織首先須經確認，再由手術與其相鄰組織分隔，各自重新定位，然後在個別的縫合過程中還得小心別把重要的顏面神經切斷了。現今盛行藉精密儀器施行侵入性小、傷口也小的內視鏡美容手術，因此精通解剖就變得更重要了。「過去的技術大刀闊斧，把什麼都給剝開了，清清楚楚都在眼前，」馬里蘭大學醫學院解剖服務部門的負責人韋德這樣說：「現在呢，靠著攝影鏡頭進入人體，能看到的範圍就只有那一小部分，一不注意就迷失方向。」

馬利納尼的工具在蛋黃色小斑點周圍刺探。這斑點被整形醫師稱作「頰部脂肪墊」（malar fat pad）。「Malar」意思是與臉頰相關的。頰部脂肪墊是如褥墊般的青春墊，高坐在顴骨上，就是祖母們老愛捏的那個部分。歲月流失，地心引力將脂肪從其棲息地哄了下來，脂肪開始下滑，囤積在最先遇到的解剖障礙上：即法令紋（the nasolabial folds）（像兩道括弧般從中年的鼻緣延伸至嘴角）。於是臉頰看來骨瘦塌陷，而突出的脂肪括弧強化了法令紋的線條。施行拉皮手術時，醫生將頰部脂肪墊放回原位。

「這太棒了，」馬利納尼說：「美極了，像真的一樣，但又沒有流血。妳在做什麼，全都看得一清二楚。」

雖然各科的外科醫師都能藉由在屍體上試驗新技術與新儀器獲益，然而手術練習用的新鮮人體還是得來不易。當我致電給巴爾的摩辦公室的韋德時，他向我說明大多數遺體捐贈計畫的運作方式，解剖實驗室有新進遺體的優先使用權。就算有多餘的屍體，也沒有充足的設備將人體由醫學院解剖部門運至外科醫師所在的醫院，更何況醫院內也沒有空間供手術練習。在馬利納尼任職的醫院中，外科醫師通常只有截肢時能得到人體部位。既然頭部截肢發生率微乎其微，今天這樣的研究課，可說是千載難逢的機會。

韋德一向致力於改善制度。他認為手術現場是外科醫師試驗新技術最不理想的場合（要不同意他也難）。所以他召集了巴爾的摩醫院的外科「頭」目（head），喔不，應該說是主管，齊心設計一套制度。「當一群外科醫師想要一起試試比如新的內視鏡技術時，他們就通知我來籌畫。」韋德收受名義上的解剖室使用費，外加每具人體的低廉費用。韋德接收的人體中，有三分之二是用在手術試驗上。

我驚訝地發現，即使外科醫師已升為住院醫師，他們也沒什麼機會使用捐贈遺體練習開刀。學生學習開刀的方式照例是：觀察經驗老到的醫師動刀。在有附設醫學院的教學醫院中，進手術房開刀常有實習醫師圍觀。幾次現場觀察後，實習醫師才有資格代刀，一開始從簡單的縫合（closure）或拉鉤（retraction）練起，然後逐漸嘗試較複雜的步驟。「基本上是現場訓練，」韋德說：「這也是學徒制度的一種。」

手術發展之初就已是如此，這項技藝大多都在手術房中傳授。直到上個世紀，病患仍在不斷地汲取教訓。十九世紀的手術「講堂」稱不上救人一命，說是醫療教學還恰當些。如果可以的話，打死也不要進那個地方。

首先，手術進行時，沒有任何預先麻醉（麻醉手術一八四六年才首度登場）。十八世紀晚期、十九世紀初期的手術病患可以感受到每一刀、每一針、每隻深測的指尖。他們通常被遮著雙眼，看來和行刑隊的頭罩沒兩樣。這可能還是選擇性的措施，但被綁在手術臺上就無可避免，因為他們會因痛苦而扭動掙扎，甚至翻身跳下，奪門而出。（也許是有現場觀眾的緣故，病人們通常穿著衣服。）

早期的外科醫師不像今天的醫師，他們沒受過多少訓練，也不是什麼神勇的救星。外科手術是剛萌芽的領域，許多事物未知，錯誤也層出不窮。數個世紀以來，外科醫師和理髮師屬於同個層級，做的不外乎是截肢和拔牙，而內科醫師卻挾其藥劑和調製物，醫治所有其他的病。（有趣的是，為外科手術鋪路成為醫學中受尊重學門的居然是直腸科。一六八七年時，法國國王動了手術後，就此擺脫肛門瘻管的痛苦，之後心存感激，極力稱讚手術的成功。）

在十九世紀初，教學醫院中職位是按裙帶關係來分配，而非技術優劣。一八二八年十二月二十日的《刺胳針》（*The Lancet*）醫學雜誌就刊登了最早的手術失誤之一的審判片段，報導著重在著名解剖學家艾斯特利．古柏爵士（Sir Astley Cooper）姪子布蘭斯比．古柏（Bransby Cooper）的無能。在全場兩百名同業、學生和觀眾的眼前，年輕的古柏當場印證了他之所以能出席解剖講堂，完全是因為叔父的庇蔭，絕對與才華無關。這手術在倫敦蓋斯醫院（Guy's Hospital）進行，是過程簡易的膀胱結石去除手術（截石術）；病人波拉（Stephen Pollard）是名強健的工人。截石術通常只需短短幾分鐘，但波拉在臺上足足有一個鐘頭之久，他的膝蓋頂著脖子，雙手被繫在腳丫子上，而他那全無概念的醫師徒然地嘗試尋找結石的位置。「粗鈍的探腔器派上用場，接著是刮勺，然後是幾副鉗子。」一位證人回憶道。另外一個人形容有「可怕的強行擠壓，鉗子強行擠入會陰」。陸續上場的工具紛紛失敗，結石仍不見蹤影，古柏「遂以手指用力搜尋……」就在此時波拉的忍耐力耗盡了。[2]「喔！算了吧！」他人如此轉述他的話：「就讓結石留在裡面好了！」古柏卻不願放棄，一邊詛咒著病人深邃的會陰（事實上，後來的驗屍顯示那是十分正常的會陰比例）。手指挖掘了好一陣子後，罪孽深重的醫師從座位上起身，並「拿自己的手指與其他醫師的手指相較，瞧瞧他人是否擁有較修長的手指頭」。最後他只得走回工具箱旁，以鉗子戰勝了這顆頑強的結石——說起來是滿小的一顆，「像一般溫莎豆的大小」——接著他將結石高舉過頭，耀武揚威好似那是奧斯卡獎的小金人。這時波拉渾身顫抖，疲累不堪，蜷曲一旁，坐著輪椅被送上病床，二十九個鐘頭後，他因為術後感染和只有老天才知道的不明原因，撒手人寰。

某個醫術拙劣、過分講究打扮的傢伙，穿著背心打著領帶，將整隻手伸進你的尿道，這已經夠糟糕了，何況還有整場觀眾呢。醫學院年輕的玩家不說，根據一九二九年《刺胳針》對另一場截石手術的描述，一半的市民都到場了，「外科醫師和醫師的朋友……法國參訪者，還有好事者將手術臺團團圍住……沒多久就從站票席和上層座位傳來呼喊——『了不起！』『加油啊！』……這些吼聲自講堂各個角落傳來，久久不絕。」

早期醫學示範教學的這種酒店氣氛，從數世紀前就開始了，最早開此風氣的是僅有站位解剖堂、遠近馳名的義大利帕多瓦（Padua）和波洛尼亞（Bologna）醫學院。根據歐麥利（C. D. O'Malley）為偉大文藝復興解剖家維薩留斯（Andreas Vesalius）所著的傳記，一名熱情的觀眾在擁擠的維薩留斯解剖現場為求較佳視野，俯身前傾過了頭，從觀眾席一路翻滾到解剖臺上。「由於此次不幸的翻落事件……卡羅醫師身體不適，無法教課。」下一堂課的通知如是說。可以確信的是，卡羅醫師絕不會在他講課的地方接受治療。

毫無例外的，只有無法負擔私人手術的窮人，才會住進教學醫院。為了回饋這致命率比治癒率高的手術（去除膀胱結石致命率不下於五〇%），這些窮人等於是捐獻自己作為活體實驗品。不止外科醫師醫技不甚高明，許多手術的施行純粹是試驗性質——沒有人期待這些手術會成功。歷史學家理查森在《死亡、解剖和赤貧者》中寫著：「病人若能獲益，往往是實驗附帶的好處。」

麻醉出現後，年輕住院醫師初試新手術時，病人至少不省人事。但病人或許根本就不曾同意讓實習生來操刀。在手術切結書和突如其來的訴訟案存在之前，醫療馬馬虎虎，病人並不清楚在教學醫院動手術的後果，而醫師也仗著這點占盡便宜。病人若未成年，外科醫師可能會讓學生練習一下盲腸切除，管他病人有沒有盲腸炎。更常發生的踰矩行為是免費的骨盆檢驗。由於檢查常引起焦慮和恐懼，許多初出茅廬的醫師就這樣在手術麻醉的女性病患身上，完成了生平第一次的子宮頸抹片檢查（現在，開化的醫學院會僱請職業的「骨盆教育者」，讓學生在其陰道上練習，並提供個人意見。她們是聖徒的當然候選人，至少在本書中是如此。）

現在，這種免費的醫療已不如從前頻繁，這都得感謝大眾意識的提升。「這年頭病患比較進入狀況了，再說，整個醫療條件也改善許多。」主持加州大學舊金山分校醫學院遺體捐贈計畫的派特森這樣告訴我。「即使在教學醫院，病人也會要求住院醫師不可在他們身上動刀。他們要確定是由主治大夫執行手術。這也增加了訓練的困難度。」

派特森希望能看到大三、大四課程中增加專門的屍體解剖課程——而非僅僅在第一年上解剖學，「好像一劑大補帖，吃了就了事。」他和他的幾位同事已在外科次專業科目裡增加了一堂重點解剖課，和我今天旁觀的臉部解剖課類似。他們也在醫學院停屍間設立了一系列課程，教導三年級學生急診室的作業流程。一具屍體在經防腐並送至解剖室前，可能要花上一整個下午供學生做氣管插管和導管插入術練習。（有些學校會用被麻醉的狗來練習。）有鑑於急診室手續的複雜性和緊急性，先在死人身上練習合情合理。過去這種試驗都是私下進行，醫院裡剛死的人就在未經同意的狀況下草草被拿來試驗。這種作法的合宜性在美國醫療協會密而不宣的會議上，斷斷續續成為辯論的話題。也許，他們應該直接尋求同意：根據《新英格蘭醫學雜誌》（*New England Journal of Medicine*）的調查，七三％喪子的家長被問及遺體試驗時，皆表示他們願意捐出子女遺體供插管教學使用。

我問馬利納尼以後是否準備捐出她自己的遺體呢？我一直假設醫師基於互惠心理會樂意捐獻，來報答那些他們在學校時曾解剖過的大體。但馬利納尼不打算這麼做。她提到這對遺體缺乏尊重。這樣的說法讓我頗感驚訝。就我觀察所及，醫師對這些頭顱相當禮貌。我沒有聽到任何笑話、打鬧或是冷血批評。如果有什麼方式稱得上是畢恭畢敬的「剝離」(deglove）一張臉、將其額頭的皮膚剝開後翻至眼部，那我想這些醫師是稱職的。這完全符合專業。

原來馬利納尼反對的是幾名外科醫師替屍體頭顱照相的行徑。她指出，當你為病人照相並發表在醫學雜誌時，病人須簽署權利讓與書。已經死去的人無從拒絕權利讓與，但這未必表示他們同意。這就是為什麼出現在病理學和鑑識學期刊上的屍體眼部會以黑條遮掩，好似《魅惑》(*Glamour*）雜誌「該／不該怎麼穿」專欄照片中的女人。人們不希望在死去、肢解後被攝影是可以被推知的，一如他們不會願意在沖澡一絲不掛時入鏡，或是飛機上熟睡時，張嘴的醜態出現在照片中。

多數的醫師並不擔心其他醫師的態度。大部分我見過的醫生所擔心的，是醫學院一年級學生在大體解剖室中嘻皮笑臉——這也是我下個要造訪的目的地。

研討課接近尾聲。放映螢幕一片空白，外科醫師正在善後，魚貫步入走廊。馬利納尼將白布重新覆蓋在頭顱的臉上；大約有一半的醫師會這樣做。她打從心底流露出敬意。當我問她為什麼這死去的女人沒有瞳孔時，她沒有理睬我，逕自趨身將頭顱的眼瞼闔上。當她將工作椅靠攏時，她俯視著這具被遮蓋的形體，說：「願她安息（May she rest in peace）。」我依稀聽到「願她安碎」(pieces），但那只是我的幻聽罷了。

註釋

1 我支持器官和組織（骨骼、軟骨、皮膚）捐贈，但當我得知捐贈的皮膚並非用於燒傷患者的植皮手術，反而用於除皺美容或陰莖增大等手術時，仍深感震驚。容我澄清，我對人死後的去向並沒有先入為主的觀念，但我堅信那不該在某人的內褲裡。

2 就忍痛能力而言，過去幾世紀的人顯然與今日不同。年代愈早，人的忍耐力愈強。在中世紀英國，病患甚至不需綑綁，只是坐在醫師跟前的墊上展示疼痛的部位，以接受治療。《中世紀手術》（*The Medieval Surgery*）的插畫中，我們看到包著頭巾的男子，準備讓醫師根治那惱人的臉部瘻管。畫面中病人沉著，幾乎以一種憐愛的神情，將他受盡折磨的臉仰向外科醫師。同時，圖說這樣寫著：「病人被告知雙眼轉開視線……接著瘻管的根部被燒紅的鐵棒或銅棒烤焦。」又補充：「從本圖看來醫師是個左撇子。」彷彿這樣做便可以在恐怖的描述後轉移讀者的注意，這和要求病人在被火鉗炭烤之際「雙眼避開」，是差不多的姑息策略。

2 解剖的原罪

人體解剖史背後的卑鄙勾當

距上次聽到帕海貝爾的〈卡農〉（Pachelbel's Canon）出現在一支柔衣精廣告裡已事隔多年，而那聖潔的旋律牽引著一絲甜蜜的悲傷，再次撥動我的心弦。這首經典樂曲恰好適合追悼式，它強烈的感染力使得今天聚集的男女隨著樂聲墜入憂鬱與沉寂。

比較引人注意的是，鮮花蠟燭間少了一具棺木，也沒有死者供人憑弔。本來這顯得有些弔詭，然而這裡可是有二十幾具被整齊切塊的屍體，對半切開的骨盤、頭顱，隱密的鼻竇腔暴露在外，一如蟻窩的曲折隧道。這是加州大學舊金山分校醫學院二〇〇四年為了大體解剖室的那些無名屍舉辦的追思會。就算這項儀式以開棺方式舉行，對與會賓客來說該也沒什麼駭人之處，因為他們不僅見過死者成為零碎屍塊的面貌，還親自處理過它們，事實上，這些追悼者正是分解遺體的罪魁禍首。他們是解剖室的學生。

這項儀式可不是做做樣子罷了。這是動機誠懇、自發的集會，為時將近三小時，以十三位學生的弔喪辭為重點，還包括以無伴奏和聲演唱重新詮釋「年輕歲月」合唱團（Green Day）的〈你生命中的燦爛〉（The Time of Your Life）。除此之外，還朗誦了貝翠斯・波特（Beatrix Potter，譯註：創造《彼得兔》〔*Peter Rabbit*〕故事的英國作家）描述一隻即將死去的獾的沉悶枯燥故事。還有一首關於黛西（Daisy）的民謠，講的是黛西死後轉世成為醫學院學生，解剖的屍體竟是前世的自己。一位年輕女子的獻辭描述她將一具屍體手部的包紮層層解開時，竟發現這雙手的指甲上擦了粉紅色的指甲油。「解剖書的照片中沒有上了指甲油的雙手，」她寫到：「是妳挑選的顏色嗎？……妳以為我會看到嗎？……我想為妳描述妳手的內部……我要妳明白每當我看診時，妳總是伴著我。當我為病人做腹部觸診時，我腦海中浮現的是妳的器官。當我聽見心跳，我憶起我曾經捧著妳的心。」這是我所聽過最動人的寫作之一。其他人也一定感同身受，沒有一人不是淚腺發達，淚眼汪汪。

過去的十年中，醫學院竭盡所能培養對大體解剖室遺體的尊重態度。加大舊金山分校是眾多為大體舉辦悼念儀式的醫學院之一。有些學校還會邀請大體的家屬一塊兒參加。在加大舊金山分校上解剖課的學生必須先參與由前一年修課學生籌措的課前研習，談論與死屍共事是怎麼一回事、以及他們的感想。現場充滿感激與敬意。據我所知，若參加了研習後還能將菸塞進屍體嘴中或拿它的腸子來跳繩而問心無愧，是十分困難的。

派特森是加大舊金山分校解剖學教授和遺體捐贈計畫主任，他邀請我在大體解剖室中待上一個下午。而我此時此刻就可以告訴你，學生要不是為了應付我的來訪排練周全，就是課前研習果真有效。我完全沒有暗示他們，但學生自動談起了他們的感激之情、屍體尊嚴的維繫以及對個別屍體的特殊感情，並且為了必須解剖它們而心生歉意。「我記得一名組員正要將它分割，把某個部位取出，」一個女學生告訴我：「接著我發現自己輕拍著它的手臂，喃喃說著：『不痛不痛，沒關係喔。』」我問一位名叫馬修的學生，當課程結束後，他是否會想念他的大體，他回答當「大體的一部分要離開」時，確實滿令人感傷。（通常課程進行到一半，腿部即被切除並焚化，以減少學生暴露於防腐劑的程度。）

許多學生給他們的大體起名字。「不是『牛肉乾』那一類的名字。是真正的名字。」一個學生說。他介紹我認識大體「班」，雖然班這時只剩下頭顱、肺部和手臂，它依舊流露出尊嚴和使命感。要移動班的手臂時，學生將它拿起，而不是粗魯地抓取，然後再輕柔地放下，好似班只是在熟睡。馬修甚至還向遺體捐贈計畫辦公室探尋大體的個人資料。「我想要讓它有點個性。」他這麼告訴我。

我在場的那個下午，沒有人隨意開玩笑，就算有也不是惡意的品頭論足。一位女士承認她的小組因為屍體「異常巨大的生殖器」而竊竊私語。（也許她不瞭解的是，防腐液注入血管後會使海綿組織膨脹，於是解剖室的男性屍體比起生前看來更加「天賦異稟」。）即使如此，這種評論語帶崇敬，而非嘲諷。

正如一位已卸任的解剖老師所告訴我的：「現在已經沒有人會把頭顱裝在水桶中帶回家了。」

要瞭解今日解剖室對死者心懷慎重敬意的普遍，就得回顧過去醫學史中瀰漫的極端無禮。很少有科學領域是像人體解剖這般奠基於恥辱、敗德和錯誤的公共關係上。

一連串麻煩的肇端大約始於西元前三百年亞歷山大大帝時期的埃及，托勒密一世（Ptolemy Ⅰ）是史上第一個准許從醫者為求瞭解身體功能運作而切割死屍的統治者。有一部分原因當然是因為埃及製作木乃伊的歷史悠久。木乃伊的製作過程中，屍體被切開，內臟被掏出，所以在政府和百姓的眼中，這沒什麼值得大驚小怪。但這通融也和托勒密對解剖的執迷有關。他不只發布了詔令，鼓勵醫師解剖死刑犯屍體，有時還親臨解剖室，身著罩衫，手持利刃，隨著專家一起切割探究。

麻煩的是赫羅非勒斯（Herophilus）。頂著解剖學之父的聲譽，他是第一個分解人體的醫生。赫羅非勒斯確實夙夜匪懈致力於科學研究，但他似乎在某個時候喪失了應有的行為準則。狂熱壓過了同情心和常識，他居然開始解剖活生生的囚犯。根據指控人之一德爾圖良（Tertullian）的說詞，赫羅非勒斯活體解剖了六百名囚犯。平心而論，並沒有現場證人的口供或紙草抄本的記載留存，這讓人不禁揣測，這項指控的由來可能是同行間的忌妒。畢竟，沒有人認為德爾圖良是解剖學之父。

利用死刑犯的屍體作解剖的傳統行之久遠，並在十八、十九世紀的英國臻於鼎盛，那時為醫學院學生設立的私人解剖學院在英國及蘇格蘭盛極一時。但當學院愈設愈多、屍體的數目卻沒有改變時，解剖學家面臨長期「貨源短缺」的危機。從前不流行將遺體捐贈供科學研究。信仰虔誠者不僅篤信字面意義的復活、甚至對肉身復活也深信不移，所以解剖等於是破壞了復活升天的機會：一個髒鬼站在那兒，內臟全都掛在外頭，溼漉漉的血滴在地毯上，誰還有興趣幫他開啟通往天堂的大門呢？從十六世紀起，一直到一八三六年解剖法案的通過，英國唯一可合法解剖的就是死刑犯的屍體。

就這樣，大眾開始將解剖學家和劊子手聯想在一起。更糟的是，解剖本身甚至被認為是比死亡更嚴苛的懲罰。確實，這才是當權者准許屍體解剖的用意，絕非出自支持協助解剖學家的立意。當已經有這麼多輕微的不法行為都被處以極刑時，司法機關認為有加強恐怖威脅的必要，以遏止更重大罪行的產生。如果你偷了一隻豬，你得上絞架。如果你殺了人，上完絞架後還得被解剖。（在新成立的美利堅合眾國，以解剖作為懲罰的項目延伸至決鬥者，顯然死刑尚不足以嚇阻動輒以手槍決鬥來解決爭端的傢伙。）

雙重刑罰並非新發明，只不過是最新的老調重彈。之前，殺人兇手被吊死後放到水中淹浸，然後分屍，作法是將馬匹繫在屍體四肢，策馬向四方奔馳，分解後的「四個部分」則釘在木樁上公開展示，生動地警惕人民犯罪的下場。英國於一七五二年明訂解剖為判刑謀殺犯的選擇之一，成為行刑後「示眾」（gibbeting）的替代方案。Gibbeting這個字的發音乍聽之下雖然像是眾人在運動場中的閒扯淡，再了不起就是肢解小型獵鳥之類的事，但那事實上是令人不寒而慄的酷刑。首先，將屍體沾滿焦油，然後懸吊在平面的鐵籠中（gibbet，即絞首臺），在眾目睽睽之下，屍體腐爛，被烏鴉啄食。當時若是在廣場周遭漫步，瞧見「墨西哥碎肉玉米餅」（tamale）的心情一定和今日大異其趣。

為因應合法解剖的屍體短缺，英國和早期美國解剖學院中的教師轉而進行骯髒的交易。久而久之，他們的汙名傳開了，若你有興趣用你孩子截肢後的大腿換點啤酒錢，就該去找他們（更精確地說，是三十七分半毛錢；這在一八三一年紐約洛徹斯特〔Rochester〕發生過）。但是學生們可不願意付了學費到頭來只學到手臂和腿部解剖；學校必須尋找完整屍體，要不然只好眼睜睜看著學生轉往巴黎的解剖學院，在那裡，市立醫院中無人認領的窮人屍體可作解剖之用。

極端的手段相繼出現。常會聽到解剖學家將剛死去的親人屍體先行搬至解剖室中一個上午，再將之葬於教堂墓地。十七世紀的外科醫師兼解剖學家哈維（William Harvey）不僅以發現人類循環系統著稱，更是醫學史上少數對其使命奉獻至深的名醫，甚至不惜解剖自己父親和妹妹的屍體。

哈維會這麼做是因為他沒有其他的選擇，竊取他人至親的遺體，或是放棄研究，他都無法接受。近年來生活於塔利班政權下的醫學院學生，也面臨了類似的兩難，偶爾也會做出類似的決定。在狹義地詮釋《古蘭經》對人體尊嚴的詔令下，塔利班神學士禁止醫學教授解剖屍體或使用屍骨來教授解剖學；其他回教國家非回教徒的遺體不在此限，但這在阿富汗也被禁止。二〇〇二年一月，《紐約時報》記者大西（Norimitsu Onishi）專訪一名坎達哈（Kandahar）醫學院的學生，他曾痛苦地決定將他摯愛祖母的屍骨挖出，和同學一起使用研究。另一名學生挖掘出他從前鄰居的殘骸。「是的，他生前是位好人，」他這樣告訴大西：「掘出他的屍骨，我當然百般不願……但我想到，如果有二十人可因此獲益，那就值得了。」

這種謹慎、煎熬的敏感心理，在英國解剖學院的全盛期幾乎絕跡。一種更普遍的伎倆是溜進墓園，將某人親戚的屍骨挖出研究。這種行徑逐漸被人稱作「盜屍」(Body Snatching)。這在當時是新式犯罪，有別於原先已存在的盜墓。從前盜墓只是偷竊富有人家埋藏在墳墓或地窖中的珠寶和傳家寶。持有屍體的袖扣是項罪行，但是藏匿屍體本身卻不犯法。在解剖學院大為風行之前，書中沒有相關法律條文懲罰盜用新近死去的屍體。畢竟過往除了戀屍癖之外，[1] 實在沒什麼理由盜屍。

有些解剖學教師利用大學生對夜半惡作劇的千古不變嗜好，鼓勵他們突襲墓園，為課堂教學提供屍體。十八世紀時，在某蘇格蘭學校，這類的安排更為正式。理查森就寫道，學費可用屍體代替現金繳付。

其他的教師則一肩挑起這項恐怖任務。這裡說的可不是見不得人的庸醫。他們都是外科這一行裡備受敬重的專業醫師。美國殖民時期的醫生席維爾（Thomas Sewell）曾是美國三任總統的私人醫師，並創立了現今的喬治華盛頓大學（George Washington University）醫學院。一八一八年，他因為在麻州伊普斯里其（Ipswich）挖掘並解剖一名女子的屍骨而遭判刑。

僱人去挖掘屍體的解剖學家也大有人在。一八二八年時，倫敦解剖學院的需求量之大，十個全職和約兩百名兼職的屍體偷竊工足足可以忙上整個解剖「旺季」。（解剖課程只在十月到隔年五月間舉行，以避免惡臭和炎夏屍體迅速腐敗。）根據那年眾議院的證詞，六、七名被稱為「掘墓盜屍人」（resurrectionist）的掘屍成員，挖出三百一十二具屍體。他們的年收入約在一千美元上下，比起一般勞工的酬勞要高上五到十倍，夏日還可以放暑假。

這項差事不甚道德，醜惡的程度無庸置疑，但是實際做來可能比聽來要容易些。解剖學家要的是新鮮的屍體，所以屍臭不是問題。掘屍工不須掘起整個墳墓，只要撬開墳頂一端，然後將鐵橇滑進棺材蓋下，向上扭轉，棺木便會應聲彈開。最後在屍體脖子或手臂上繫上繩子，像釣魚一樣拖出，至於剛剛挖掘時堆在帆布上的泥土，再全部堆回墳穴。整件工作為時不到一小時。

許多盜屍人原本在解剖室中擔任挖墓人或是助理，因此有機會接觸到這一幫同夥和他們的勾當。優渥的報酬、彈性的工時吸引了這些人，他們放棄合法的職位，選擇拿起鏟子和布袋。

出處不詳的《復活者手記》(*Diaries of a Resurrectionist*)中有幾篇手寫日誌,勾勒出這些人物的輪廓:

三號,星期二(一八一一年十一月)。出去晃晃,從巴斯洛(Bartholow)那兒帶來鏟子……巴特勒(Butler)和我醉醺醺地回家。

十號,星期二。整天都醉得不省人事:晚上出門,在邦希爾區(Bunhill Row)找著五個。傑克幾乎被埋。

二十七號,星期五……去哈普斯(Harps),找到一大個,把它搬到傑克家,傑克、比爾湯姆沒跟來。大夥兒買醉。

作者以非人稱形容屍體,讓人不禁聯想這是否洩露他對這些活動心理不適。他並未在屍體的模樣上著墨,也不會為了它們可悲的命運傷神。除了以大小、性別區分外,他無法以其他方式談論屍體。偶爾屍體們會被升格為名詞(通常被指為「東西」,例如「壞東西」代表「腐爛的屍體」);不過,這很有可能不過是作者沒辦法正襟危坐、草草以速記了事罷了。稍後的記載顯示他懈怠到連「犬齒」(canines)都不願拼出,只以「Cns」代替。(當「壞東西」被挖出時,「Cns」和其他的牙齒一併被拔出,賣給牙醫作假牙,[2]這一番工夫才不至白費。)

屍體竊取者是常見的累犯，動機純粹出自貪婪。但解剖學家又該怎麼解釋？誰是這些率直的社會成員？是誰唆使盜屍者犯下這些竊盜，還半公開地肢解某人死去的祖母呢？倫敦外科解剖界中名聲最響亮的就屬艾斯特利．古柏爵士。在公開場合發言時，古柏譴責掘墓盜屍人，然而私底下他不但與他們維持生意往來，而且鼓勵他的雇員接手這項工作。真是言行不一的壞東西。

古柏不避諱地為人體解剖辯護。「若他不在死人身上動刀，必定胡亂切割活人」是他的名言。儘管這話說得很有道理，而且醫學院的窮境堪憐，良心發言能博取更多認同。然而古柏這種人，不但對切割他人的家庭成員沒有任何過意不去，而且還滿心歡喜地解剖他死去的病人。古柏與那些由他親自操刀的病患家庭醫師保持聯繫，一聽到病人去世的消息，立即差遣掘墓盜屍人將屍體出土，以看看他的刀藝成效如何。若是同事的病患得了怪病或是有解剖上的特殊價值，下葬後他也支付費用以取回屍體。他這人對生物健康的熱誠，似乎轉移成一種陰林的怪癖。柯爾（Hubert Cole）的《外科所需一二事》（*Things for the Surgeon*）有段關於偷竊屍體的段落，寫到古柏爵士曾將同事的名字畫在骨頭碎片上，強迫實驗室的狗吞食，所以當骨頭從被解剖的狗屍中取出時，由於字母周圍的骨頭已被胃酸侵蝕，同事的名字遂以凹刻出現。這些小玩意被當成禮物贈送。柯爾未在書中提及同事對這獨一無二紀念品的反應，但是我敢大膽猜測醫師肯定盡力品味這幽默，至少在古柏造訪時，拿出來炫耀說笑。再怎麼說，他可不是好惹的，你鐵定不希望他的恨意隨你下葬。正如古柏自己所言：「什麼人我都對付得了。」

就像掘墓盜屍人，解剖學家顯然也十分成功地物化了人類死屍，至少在他們的心中是如此。他們不只視解剖和研習這門學問為非法開棺偷屍的正當理由，同時也不認為有什麼必要尊重這些出土的屍體。屍體運送到他們的家門前一點也不構成困擾。理查森就寫道：「塞在盒子裡、包在鋸屑中……捆在粗布袋內，像火腿一樣縛綁著……」這些屍體被對待的方式與日常物件實在過於類似，以至於送貨過程中不時有搞混的情形發生。一名解剖學家打開送至解剖室的大柳條箱，發現箱中本應包裝的屍體卻變成「上等火腿、大塊起司、一籃新鮮雞蛋和一大綑紗線球」而驚慌失措。另外一群人原本期盼著上等火腿、起司、雞蛋、一大綑紗線球的抵達，卻收到一只包捆完善、但硬邦邦的英國屍體，你只能想像他們那驚異又失望的複雜情緒了。

與其說解剖本身招來不敬的惡名，倒不如說是融合了嘈雜的市場、劇院及公共屠宰場的整個氣氛。羅蘭森（Thomas Rowlandson）和哈格斯（William Hogarth）的版畫刻畫出十八和十九世紀早期的解剖室，屍腸像遊行彩帶般從桌邊懸掛擺盪，顱骨在沸騰的鍋裡載浮載沉，內臟器官布滿地面，任意隨狗咬食。背景畫面中，一群人傻看或是睨視。當然藝術家有批判解剖的意味，但書面記載顯示這幅畫面與事實相距不遠。作曲家白遼士（Hector Berlioz）在其《回憶錄》（*Memoirs*）裡一八二二年這年的段落，明白闡釋他為何棄醫轉而從事作曲：

羅伯第一次帶我參觀解剖室。恐怖的殘骸在我面前現形——零碎的四肢，露齒猙獰的頭顱和裂開的顱骨，腳下一片溼濘濘的血地，散發出令人作嘔的腥臭，成群的麻雀爭奪肺臟的殘屑，老鼠在角落啃囓血淋淋的脊椎——一股厭惡感攫住我，我躍過解剖室的窗子，朝家的方向落荒而逃，好似死神和他可怕的扈從已經從我腳跟後追上來了。

而且我敢用上等火腿和一大綑紗線打賭，當時的解剖學家絕不會為了殘留的屍塊舉行追思會。埋葬屍體的剩餘部分被不是出自敬意，而是缺乏選擇的下場。下葬通常在夜晚草草了事，而且總是埋在建築物的後方。

為了避免亂葬可能引發的惡臭，解剖學家想出一些創意方案來為屍體善後。廣為流傳的謠言繪聲繪影說他們與倫敦野生動物園管理員合作，其他人則被謠傳飼養禿鷹以解決問題，但如果白遼士所言不假，當天的麻雀足以代勞。理查森還偶然發現一段引文，內容為解剖學家燉煮人骨、脂肪，直到它們變成像常拿來製成蠟燭和肥皂的「鯨蠟一般的物質」。究竟他們是自家使用或是當禮物轉送，則不得而知。但如果要在這樣的禮物和以狗胃酸腐蝕製作的名牌之間做選擇，還是表示自己不願被列進解剖學家的聖誕節贈禮名單裡比較安全一點。

故事就這麼發展下去。將近一百年的時間，可以合法解剖的屍體供不應求，使得解剖學家與其他市民為敵。總體來說，窮人受害最為慘重。因為盜屍猖獗，業者逐漸推出抵禦掘墓盜屍人入侵墓穴的產品和服務，但只有上層階級的民眾能負擔這種開銷。有種被稱作死亡保險箱的鐵籠，可填入混凝土，置於墳墓上方或墓穴中，將棺材團團包圍。蘇格蘭教會為墓園建造「死亡之屋」，屍體可安放在這些上鎖的建築物中，直到結構與器官分解腐爛，對解剖學家已無利用價值為止。你也可以購買有專利彈簧鎖的棺材、備有鑄鐵製屍體安全帶的棺木，乃至雙層、甚至三層的棺材。可想而知，解剖學家自己就是殯葬業者的最佳主顧。理查森描述道，古柏不但挑選了三層棺材，好似這樣還不夠荒謬，還把這「中國盒子」包裝在笨重的石棺中。

但最後其實是一名叫諾克斯（Robert Knox）的愛丁堡解剖學家，引爆了解剖界致命的錯誤：為了醫學需求而默許謀殺的惡行。一八二八年，諾克斯的一名助理聞聲應門，發現一對陌生人站在中庭，腳邊還放了具屍體。這對當時的解剖學家而言再平凡不過，所以諾克斯欣然邀請陌生人進屋，也許還泡了茶招待他們，誰曉得呢？就像古柏，諾克斯身懷上流社會的風範，即使進門的威廉·布克（William Burke）和威廉·黑爾（William Hare）與他素昧平生，他依舊滿懷喜悅地買下屍體，相信屍體是由親屬授權買賣這樣的說辭，即使大眾對解剖的厭惡讓這種可能性微乎其微。

事實的真相是，黑爾和妻子在愛丁堡一處名為「譚那胡同」（Tanner's Close）的貧民窟經營旅社，而屍體原本是房客。這名男子死在黑爾旅社的床上，既然一命嗚呼，自然籌不出前晚的寄宿費。黑爾不願輕易放過債務，所以心生公平解決的妙計：他和布克老早就在外科醫師廣場耳聞一些解剖師大名，於是將屍體拖至其中一位的住所，將屍體變賣，仁慈地給了寄宿者死後償債的機會。

當布克和黑爾發現販售屍體的利潤豐厚，於是著手開發新的屍體來源。幾個星期後，一個落魄潦倒的酒鬼，因發高燒而住進了黑爾的廉價旅館。這兩人心想反正醉鬼不久也只有變成屍體一途，決定加速死亡的發生。黑爾用枕頭悶住這人的臉部，布克壓住他，不讓他反抗。諾克斯絕口不問，只鼓勵他們再次登門造訪。他們果真又來敲門，接連十五次。這對搭檔要不是過於無知，不懂得挖掘墳墓中的死屍一樣可以賣得這些價錢，就是懶得動手。

不到十年前也發生過一連串現代版的布克和黑爾型謀殺，事發地點為哥倫比亞的巴倫基亞（Barranquilla）。整件案情的焦點在名叫赫南德茲（Oscar Rafael Hernandez）的拾荒者身上，他在一九九二年逃過一場謀殺的劫難，兇手本來打算將他的屍體賣至當地的醫學院作為解剖室樣本。[3]正如哥倫比亞其他區域，巴倫基亞缺乏規畫完善的回收系統，上百名城市中的赤貧人民必須在垃圾堆中搜尋可回收物品，以求變賣糊口。這些人和其他如應召女、流浪兒童等社會邊緣族群一樣，被視作「廢棄物」，經常遭到右翼「社會淨化」組織的謀害。事情是這樣的，自由大學（Universidad Libre）的校警詢問赫南德茲是否願意到校區內撿些垃圾，不疑有他的赫南德茲抵達後，竟遭重物襲擊頭部。《洛杉磯時報》（*Los Angeles Times*）形容赫南德茲在一大缸福馬林中甦醒，發現身旁還躺了三十具屍體，這處精采但啟人疑竇的情節在其他媒體報導中被省略。無論如何，赫南德茲總算是及時恢復意識，逃過一劫，並將這樁醜聞公諸於世。

社會運動者歐多涅茲（Juan Pablo Ordoñez）針對此案進行調查，並宣稱至少有十四名巴倫基亞窮人因為醫學用途遭殺害，而赫南德茲便是受害者之一——在分明有遺體捐贈方案的背景下。根據歐多涅茲的報告，國家警察透過其內部的「社會淨化」活動，從各城鎮搜刮屍體，運至醫學院，並向校方收取每具屍體一百五十美元的酬勞。校警聽聞風聲，決定有樣學樣。當調查行動開始時，解剖講堂現場搜出約五十具防腐屍體和來源可疑的肢體及器官。直至今日，沒有任何校方或警方人士遭逮捕。

至於威廉．布克的案子，正義最終得到伸張。超過兩萬五千人的圍觀群眾目睹他的絞刑。黑爾被免除刑責，包圍絞首臺的民眾因此群情激憤，不斷吶喊「把黑爾『布克』！」——意思是「悶死黑爾」，從此以後，「布克」就成了當地方言中「窒息」的同義詞。黑爾悶死的受害者也許不比布克少，但「她被『黑爾』了！」缺乏「她被『布克』了！」那種摩擦音（fricative）中令人振奮、不擇手段的想像，所以究竟精確性如何也就無人追究了。

惡有惡報，善有善報。按照當時的法律，布克的屍體在教學課程中被解剖。由於課程的內容是人類腦部構造，軀體不會慘遭切割並重組；不過或許是應觀眾要求，這段最後仍免不了。次日解剖室對外開放，吸引了約三萬名左右的好事者湧入參觀。解剖後的屍體，依法官裁決，被運往愛丁堡皇家外科醫學院（Royal College of Surgeons），其屍骨被製成骨骼標本，直至今天還和一只由布克皮膚製成的皮夾一塊兒存放。[4]

雖然諾克斯從未因為這些謀殺案被起訴，輿論仍視他為罪魁禍首之一。屍體的新鮮度，還有其中一具死屍頭顱、腳部皆被截斷，加上其他屍體耳鼻出血的種種跡象早該使諾克斯眉頭深鎖，對這些線索起疑。作為解剖學家，他顯然滿不在乎。他還曾經將布克和黑爾提供的一副屍體保存在解剖室的一缸酒精內，因為那是面容姣好的妓女派特森（Mary Paterson），他因而罪加一等。

當民間小組針對諾克斯進一步的調查仍不足以促成官方對諾克斯起訴時，暴民在隔日聚集，手持諾克斯的芻像。（他們手舉的東西看來一定不大像諾克斯本人，因為還有大型標語在旁註釋：「諾克斯，惡名昭彰的黑爾之黨羽。」）填充製作的諾克斯人像遊行過大街小巷，最後來到本尊家門口，先在樹上領受絞刑，吊繩被割斷後還大快人心地被撕裂成碎片。

差不多就在這時，議會承認解剖所引發的問題已經失控，因此召集委員會成員商量對策。辯論的焦點多集中在另闢屍體的來源（最明顯的是來自醫院、監獄和工廠中無人認領的屍體），有些內科醫生提出一些有趣的論點：人體解剖果真必要嗎？難道解剖不能利用模型、繪圖、保存的標本傳授學習嗎？

在歷史洪流中的某些特定時地，對「人體解剖是否必要」這樣的問題，態度絕不會模稜兩可。這邊有一些例子可以解釋在沒有實際人體可以解剖的情況下，醫生該如何應變。在古代中國，傳統觀念認為解剖是對人體的汙蔑，因此禁止解剖的施行。這對中國醫藥之父黃帝無疑是個問題，約西元二千六百年前，他開始撰寫醫學和解剖學的權威著作《黃帝內經》。正如《早期人類解剖歷史》（*Early History of Hunan Anatomy*）中所節錄的片段顯示，黃帝在許多時候顯然不得不憑靠想像力即興發揮：

> 心臟是君王，統治全身的器官；肺臟是他的左右手，執行其命令；肝臟是指揮官，負責維持紀律。膽囊為他的總檢察長……還有脾臟，是監管五味的伙食管家。有二處燃燒爐，胸腔、腹腔和骨盤，合力負責全身的汙物處理系統。[5]

然而，黃帝的成就在於，在無法實際解剖屍體的情況下，他能理解「身體的血液由心臟控制」，還有「血流不斷流動循環，從不歇止」。換句話說，黃帝早在幾千年前就理解了哈維發現的現象，而且省去了拿家庭成員來解剖的麻煩。

羅馬帝國時代又是另一個當政府對人體解剖皺眉搖頭時，醫學自有對策的實例。蓋倫（Galen）是史上最受推崇的解剖學家之一，他從未解剖過人類屍體，但其著作的地位百年來不墜。身為古羅馬鬥士的醫師，他經常有機會觀察刀傷裂口，或是與獅搏鬥後的撕裂傷，即便狹窄，這些仍是他一窺人類身體內部的窗口。他也解剖了好些數量的動物，他相信猩猩的構造和人類雷同，特別是圓臉猩猩。文藝復興時期的大解剖學家維薩留斯指出，黑猩猩和人類光是骨骼構造上就有兩百處相異的地方。（姑且不論蓋倫作為比較解剖學者的缺失，他的聰明變通仍令人敬佩，古羅馬時期要獲得黑猩猩一定不甚容易。）其實蓋倫說對許多，只是他搞錯的部分也為數不少——他的解剖圖顯示肝臟有五葉，心臟則有三個心室。

說到人類解剖，古代希臘人也是差不多一樣無所依恃。就像蓋倫，希波克拉底（Hippocrates）也從未解剖過人類屍體。他稱解剖「雖說不上殘酷，也不甚愉快」。根據《早期人類解剖歷史》，希波克拉底將肌腱稱為「神經」，並相信人腦為分泌黏液的腺體。醫學之父會有這樣的假設讓我感到驚訝，但我並未質疑此書的可信度。畢竟，看到書本封皮上有「柏叟德（T. V. N. Persaud），醫學博士、科學博士、倫敦皇家病理學醫師學會會士、愛爾蘭皇家內科學院病理學系教授、婦產科醫師」等字樣時，你是不會質疑作者權威的。天曉得，也許歷史誤將醫學之父的美名冠在希波克拉底頭上，說不定柏叟德才是醫學之父。

歷史上對人類解剖研究貢獻最多的就屬比利時人維薩留斯，而他對解剖的支持可不是偶然，他是「自己動手做」、「別怕弄髒華麗衣裳」這類的解剖熱切倡導者。雖然人類解剖在文藝復興時代的課堂上是被接受的，但是大多數教授仍極力避免親身體驗，他們寧願坐在高椅上講課，和屍體保持安全距離，以求清潔，若要說明人體結構，只須手拿木製長棍指點，切割的工作則由另外的雇員擔任。維薩留斯反對這種作法，亦不避諱明言他的態度。根據歐麥利為他寫的傳記，維薩留斯將這類授課者比喻為「高椅上的穴鳥，倨傲自大，低啞著他們從未探討過的學問，只知道複誦他人著作中的文字。因此所有授課內容都大錯特錯……時間就在可笑的問答中浪費」。

維薩留斯是史無前例的解剖家。這位老師鼓勵他的學生「在大快朵頤動物時順便觀察肌腱」。在比利時研讀醫學時，他不只解剖處決後犯人的屍體，還親自將他們從絞架上搶奪下來。

維薩留斯完成內容豐富詳細解剖圖文集《論人體結構》（*De Humani Corporis Fabrica*）後，此書成為歷史上備受推崇的解剖書。接下來問題就來了，一旦維薩留斯等學者將基礎大致釐清，還有必要讓每個學生親自上陣施行解剖嗎？模型和防腐的器官不能用來作解剖教學嗎？大體解剖室是否僅僅在原地繞圈子呢？因為獲取屍體的方式特殊使然，在諾克斯的年代這個問題尤其受到矚目，到了現代亦備受討論。

我向派特森詢問這個難題後得知，事實上完整人體的解剖在部分醫學院已逐漸銷聲匿跡。的確，我參訪的加州大學舊金山分校大體解剖課，是學生最後一次有機會解剖完整屍體。從下學期起，他們將轉而研究解剖標本（prosections），即經切割及防腐處理的身體各個部位，以示範重要解剖特徵和系統。而在科羅拉多大學，人類模擬中心（Center for Human Simulation）主導研發數位化的解剖教學。一九九三年，他們凍結了一具屍體，然後一次刮磨掉一公厘大小的橫切面，每一次皆以攝影留存影像，總共存了一千八百七十一次。最後創造出螢幕上可操作的立體人像和所有的肢體器官，就好像是外科學生的飛行模擬測試器一般。

解剖教學中面臨的變化，和屍體短缺或大眾對解剖的印象無關；這些轉變卻和時間因素密不可分。儘管過去一世紀以來醫學界的進展無可計量，需要解剖處理的資料卻不曾少過。別的不提，光是與艾斯特利．古柏爵士的時代相比，現今的醫學沒有那麼多時間花在解剖上面。

我詢問選修派特森教授大體解剖課的學生，若是沒有機會解剖遺體，他們作何感想。有些人表明有受騙的感覺，因為大體解剖的經驗可說是醫師的成年儀式，許多人也深表贊同。「有時候，」有位學生說：「謎團突然解開，我領悟到絕不可能從書本中獲得的知識。但也有許多時候，我到這兒來耗上兩個鐘頭，卻覺得徒然浪費時間。」

大體解剖不光是為了學習解剖。它亦是與死亡正面相迎。通常，大體解剖提供醫學院學生第一次面對遺體的機會；正因為如此，它被視為醫師教育中關鍵的一環。但在不遠的從前，醫師學到的非但不是尊重和體貼，反而是反面教育。傳統大體解剖室任實驗者自行面對死亡。學生們為了達到要求，必須杜絕情感，尋出一條生路。他們迅速學會物化遺體，將死者想成組織和結構，而非先前活生生的人。拿屍體開玩笑的幽默可被容忍，甚至被默許。「不久之前我們仍在那樣的年代，」范德比大學（Vanderbilt University）醫學解剖課程負責人戴立（Art Dalley）這樣說道：「那時的學生被教導要冷酷，才有辦法適應環境。」

當代的醫學教育家認為在面對死亡時，一定有比塞給學生手術刀或一具屍體更好、更直接的方式。派特森的解剖課正如其他的課程，在全副屍體的解剖取消後，節省下來的時間將由一門討論生與死的特別講座取代。如果你要找一個外人來和學生討論死亡，收容所的病人或創傷諮商員，都比一具屍體更有話說。

這股潮流果真持續的話，醫學即將遇上兩百年前無法想像的景況：屍體過剩。輿論對於解剖和屍體捐贈態度轉變之快速與徹底，的確令人訝異。我問戴立是什麼造成這樣的轉變。他舉了幾個相互影響的原因。一九六〇年代首次心臟移植手術成功，加上「統一遺體捐贈法案」（Uniform Anatomical Gift Act）的通過，皆提升了器官移植和遺體捐獻的意識。就在同時，葬禮的開銷上漲。接下來有《美國式的死亡》（*The American Way of Death*）一書的出版，作者密特福（Jessica Mitford）在書中針對殯葬業的描述辛辣。還有火葬一時之間盛行起來。將遺體捐出作科學研究用途，便開始成為土葬之外的選擇，當然，這還有利他主義的正面意義。

除了上述原因，我還想加上科學普及化這一點。一般民眾對生物學的瞭解增加，我想多少消弭了一些對死亡和埋葬的浪漫想法——一廂情願地幻想著遺體進入另外一個錦衣玉食、仙樂飄飄的國度，梳妝整齊地躺在那兒，美麗依舊，好似仍有鼻息，衣冠楚楚，只不過是沉睡地底。十九世紀的人似乎認為死亡後埋葬的下場遠比遭受解剖幸運。但是，我們接下來即將認識到，幾乎不是那麼一回事。

註釋

1 在一九六五年以前，戀屍癖在美國並不違法。戀屍癖案件中最著名的當代奉行者，是沙加緬度（Sacramento）停屍間員工葛林里（Karen Greenlee）。她在一九七九年攜帶一具年輕男性屍體潛逃。她被捕歸案時被處以罰金的原因是非法駕駛靈車，而不是竊取屍體，因為加州並無懲罰與屍體交媾的相關法令。直到今日，僅有十六州明文訂定戀屍癖法。各州所使用的語言反映其特色。含蓄簡潔的明尼蘇達州將犯法者指為「肉體上認識一具屍體」，作風大膽的內華達州則露骨地說：「當行為人對他人屍體進行以下動作時，一律被視為重罪：從事任何對陰部、陰莖的口交行為，或強行進入屍體的任何部分，或是任何以異物經由人為操縱插入屍體性器官或肛門。」

2 十九世紀的人怎能容忍遺體拔出的牙植在他們的口中？和二十世紀的人允許將遺體取下的組織注入臉部以撫平皺紋是一樣的道理。當時人們可能不知情，也不在乎。

3 靠著翻譯的幫忙，我取得一位現居於巴倫基亞的赫南德茲的電話。電話中出現女人的聲音，說奧斯卡不在家，翻譯於是大膽追問奧斯卡是否以撿破爛維生，還有他是否差點被惡棍殺害，賣至醫學院供解剖使用。連珠炮似的西班牙文蜂擁而來，最後翻譯總結：「是另外一個赫南德茲。」

4 瓊斯（Sheena Janes）是學院的祕書，她將皮夾稱之為「小荷包」，害我差點以為女士們的手提包真的是由布克的皮膚製成。她說這只皮夾是由已故的席納（George Chiene）所捐贈。瓊斯女士並不知道是誰製作這只皮夾或是最初的擁有者身分，亦不瞭解席納先生是否真的使用過這皮夾，但她的觀察是，這只皮夾看來就像普通的棕色皮革製皮夾，「妳絕看不出是人類的皮膚製成。」

5

編按：這段文字出自《黃帝內經》靈蘭祕典論篇第八：「心者，君主之官也，神明出焉。肺者，相傅之官，治節出焉。肝者，將軍之官，謀慮出焉。膽者，中正之官，決斷出焉。膻中者，臣使之官，喜樂出焉。脾胃者，倉廩之官，五味出焉。大腸者，傳道之官，變化出焉。小腸者，受盛之官，化物出焉。腎者，作強之官，伎巧出焉。三焦者，決瀆之官，水道出焉。膀胱者，州都之官，津液藏焉，氣化則能出矣。」

3 不朽的來生

人體腐爛及防腐技術

田納西大學醫學中心（University of Tennessee Medical Center）外頭是片蓊鬱美麗的小森林，松鼠在山核桃枝椏間蹦跳，鳥兒啾鳴，肉體橫陳草地上，有的在晒太陽，有的躲在蔭涼處，他們的所在之處端看研究人員怎麼決定。

這片景致宜人的納克斯維爾（Knoxville）山坡，其實是全世界唯一一個為了瞭解人體腐爛而規畫的實地研究設施。那些晒太陽的悠閒人們早已死亡。它們是捐贈的遺體，以其緘默愉悅的姿態協助犯罪鑑定科學進一步發展。這是因為對屍體腐爛瞭解愈透徹，例如屍體所經歷的生化階段、各階段為期多久，還有環境如何影響不同的階段，就愈有本領去判斷任何屍體的死亡時間：也就是屍體主人遭殺害的日期，甚至是精確的時刻。警方頗為在行研判剛遭謀殺的屍體的約略死亡時間。眼球內鉀含量的多寡有助於在死亡後二十四小時內判斷，就如同「屍冷」(algor mortis)，也就是屍體體溫的下降過程也是指標之一；若不考慮極端的外在環境溫度，屍體每小時約降低華氏一點五度，直到與周邊環境溫度達到一致為止。(「肌肉僵直」〔rigor mortis〕則較不穩定：通常在死亡後數小時逐漸產生，多半由頭、頸部開始，然後往下散布，最後擴及全身，但從死後十至四十八小時內會消失。)

如果屍體死亡時間已經超過三天，調查人員就必須求助於昆蟲學上的線索(比如說，蛆長到多大啦?)或是腐爛的階段，以尋找破案的關鍵。而腐爛又是如此的依賴環境及現場因素的變化。最近的天氣如何?屍體有遭掩埋嗎?被埋在哪兒?為了更瞭解這些因素造成的影響，田納西大學的人類學研究中心(Anthropological Research Facility)(其名稱低調且模糊)曾試驗將屍體分別埋在淺陋的墳墓裡、放進水泥棺、後車廂和人工池中，還用塑膠袋包裹起來。幾乎所有謀殺案中出現的棄屍手法，田納西大學研究員都一一複製過了。

要瞭解這些變因如何影響腐化的時間軸(time line)，你必須親身體驗並熟悉那些控制組情境：基本的、道地的人體腐爛。這就是我來到這兒的原因。我想知道的是：當你任大自然主宰時，事情到底會怎樣發展呢?

引領我邁向人體瓦解世界的是瓦思(Arpad Vass)，這位耐心、和藹的男士鑽研人體分解科學已有超過十年的資歷。他是田納西大學鑑識人類學系的助理研究教授，同時也是鄰近橡樹嶺國家實驗室(Oak Ridge National Laboratory)的資深科學研究員。瓦思在此實驗室進行其中一項計畫，目的就在於透過分析受害者器官的組織樣本，和測量數十種不同時間衰退的化學物質數量，發展出一套鑑定死亡時間的方法。接著把這種衰退化學物質的特性，與組織在死亡後每個小時的典型特性作對比。在測試後，瓦思的方法使得死亡時間的判斷誤差降到加減十二小時之內。

他以腐爛實驗場的屍體建立不同化學分解時間軸的樣本。十八具屍體，總共約有七百種樣本。這項任務筆墨難以形容，尤其在腐敗的最後階段，更遑論在面對某些特殊器官時。「我們得將屍體翻面才能取得肝臟。」瓦思回憶道。至於腦部，他必須以探針穿刺眼球。妙的是，這兩項動作都不是讓瓦思作嘔的主因。「去年夏天的某一天，我吸進一隻蒼蠅。」他囁嚅說道：「那時我真的感覺到它通過喉嚨時嗡嗡作響。」

我問瓦思做這種工作的感想。「什麼意思？」他反問我：「妳想要我鉅細靡遺地向妳描述當我切開肝臟，那些蛆一古腦兒溢向我，還有腸內液體噴出時，我腦中出現的景象嗎？」其實我想問個一清二楚，但我噤口了。他繼續說：「我試著不想那些。我試著專注在這件工作的價值上。這樣一來，工作噁心的一面就不那麼明顯了。」至於那些屍體人性的一面，早就不再困擾他了。雖然那曾是一大障礙。他過去曾讓屍體俯臥，才不至於看到它們的臉。

今天早晨，瓦思和我坐上一輛休旅車，由和善可愛的瓦利（Ron Walli）駕駛，他是橡樹嶺國家實驗室媒體公關負責人之一。瓦利將車子停入整列停車格中距離田納西大學醫學中心最遠的那一個位子，這裡標示為G區。在燠熱的夏日，G區總不乏停車位，而這不只是因為G區距離醫院建築遙遠而已。G區被高聳的木造圍籬區隔，圍籬上頭還覆蓋著鐵絲網，籬笆的另一頭就是屍體的所在。瓦思率先下車。「今天聞起來還不算太糟。」他說。他那「不太糟」的評語聽來言不由衷，而且語調過於樂觀。就像另一半不小心倒車時輾過你的花圃，或是在家自己動手染髮失敗時發出的那種「沒那麼糟」。

瓦利今晨出發時心情愉悅，興高采烈地告訴我當地的地標，還隨著收音機哼唱，但他現在看起來活像個即將赴死的囚犯。瓦思將頭伸進車窗內。「你要不要跟來呀，瓦利？還是你又要躲在車子裡？」瓦利踱出車外，快快不樂地跟著。雖然這已經是他第四次造訪，他說他永遠無法泰然處之。其實瓦利之前當記者時，老早見慣了車禍現場及受害人。但事情不光是因為它們「死亡」的事實，而是因為腐爛的景象和氣味。「死亡的氣味揮之不去，或者說，那是你想像出來的。」他說：「我第一次到這兒之後，足足洗手洗臉洗了二十次之多。」

一進大門，兩只老式的金屬信箱立在柱子上，彷彿這裡的居民成功地說服郵政服務單位：死亡就像下雨和冰雹一般，不應該成為阻礙規律郵務的原因。瓦思打開其中一只信箱，從裡頭的小箱子拿出青綠色的塑膠手術手套，兩只給我，兩只給他自己。他明白瓦利是用不著手套了。

「我們從那邊開始。」瓦思指著一具二十呎之外的龐大男性身軀。從這種距離看來，他就像在打盹，雖然男人手臂垂放，態度安逸，卻似乎透露著比睡眠更永恆的訊息。我們向男人走去。瓦利在大門邊徘徊，假裝在研究工具房的細部結構。

就像許多田納西腰圍肥胖的人一樣，屍體的穿著也以舒適為重。它穿著灰色的休閒短褲，和胸口有口袋裝飾的白T恤。瓦思解釋，這是因為一名研究生正在研究衣著對腐爛過程的影響。一般情形下，屍體是裸露的。

著休閒短褲的屍體是最新加入的成員。它將為我們展示人體腐爛的第一階段——也就是「新鮮」期——的代言人。（「新鮮」指的是「鮮魚」的新鮮，可別想成新鮮空氣了。是剛剛死去不久的新鮮，但你不見得會想把鼻子湊近深吸一口氣。）新鮮期最顯著的腐爛過程為「自體分解」(autolysis)，或稱「自溶」。人類細胞用酵素來分裂分子，將化合物分解至可利用的程度。當人活著時，細胞控制酵素，防止它們分裂細胞本身的細胞壁。死亡發生後，酵素為所欲為，開始囓食穿透細胞結構，使得細胞內的液體流出。

「瞧見它手指尖的皮膚嗎？」瓦思說，男人的兩隻手指頭看起來像是戴著類似會計或銀行行員使用的塑膠指套。「細胞內的液體流進不同的皮膚層間，使其變得鬆垮浮泡。當此過程持續時，妳見到的就是脫皮。」停屍間用語則有不同的說法，「皮膚滑動」(skin slip)。有時候整隻手的皮膚會完全掉落。停屍間的工作人員對這種情形沒有特殊稱呼，但鑑識人員則有。那就是「脫手套」(gloving)。

「當過程持續不止時，妳會看到大片皮膚從身體剝落。」瓦思說。他將男人T恤的邊緣拉起，以便瞧瞧是否真的有一大張皮膚脫落。還沒有，不過別急。

有其他的節目正進行著：蠕動的米粒正朝男人的肚臍推擠。穀粒會扭動？這太瘋狂了。穀粒應當不會挪動才對。原來那不是穀粒，牠們是未成年的蒼蠅。昆蟲學家給牠們起了另外的名字，但這稱呼不雅，可說是侮辱了。咱們別用「蛆」這個字眼，我們用個好聽點的名字，就叫「耕耘者」(hacienda）好了。

瓦思解釋道，蒼蠅在人體的進出要道口產卵：眼睛、嘴巴、暴露傷口、生殖器官。和較成熟、較茁壯的耕耘者不一樣的是，弱小的幼蛆無法咬穿皮膚。我問瓦思這些小小耕耘者接下來會變成什麼模樣。問題才出口就後悔了。

瓦思在屍體的左腳周圍踱步。皮膚呈藍色，清澈透明。「妳看到皮膚底下的耕耘者嗎？牠們正吃著皮下脂肪。牠們愛極脂肪了。」我看到了。牠們四處擴張，緩緩蠕動著。這些修長細微的生物嵌在這男人的皮膚底下，其實是一幅滿美的景象，看起來就像價值不菲的日本薄米紙。也只能這樣告訴自己了。

且讓我們回到腐爛情況的正題上。從酵素肆虐的細胞中流出的液體現在正通過身體。過不了多久它就會和人體的菌聚落接觸：也就是腐敗過程的地面部隊。這些細菌本來就在我們的體內，在腸道內、肺臟裡、皮膚上，還有那些得以與外界接觸的部位。對我們這些單細胞的朋友而言，人生正值美好瑰麗的年代。它們已經肆虐了除役後的人體免疫系統，而現在，一時之間，黏質物從崩解的腸細胞中汩汩溢出，它們遂被豐饒液體淹沒。糧食如甘霖般降下，就如豐收時節，人口必然暴增。有一些細菌接著遷移到身體的疆界處，它們選擇了海路，在那滋養它們的體液海洋上飄蕩。不久後細菌便蔓延全身。第二階段的背景舞臺遂已搭建完成：膨脹期。

細菌的生命建基於食物之上。細菌沒有嘴巴、手指或是瓦斯爐，但是它們吃蝕。它們消化、它們排泄，就像我們，它們將攝取的食物分解成較基本的成分。我們胃中的酵素將肉轉化為蛋白質。內臟中的細菌將蛋白質轉變為氨基酸；而我們停止分解的部分，便由它們接手。當我們死去，它們不再靠著我們攝入的食物餵養，便開始啃嚙我們，一如我們依然活生生的時候，它們在飽足之時會製造氣體。腸內氣體就是細菌新陳代謝後的廢棄物。

唯一的不同是當我們鼻息尚存時，我們懂得排放氣體。死者，在缺乏收縮自如的胃部肌肉、括約肌，也沒有同床共枕的伴侶可煩擾時，便不再排放廢氣。就是辦不到。所以氣體累積，腹部膨脹。我問瓦思為何氣體不會在最後經由壓迫排出，他解釋，小腸幾乎已經完全瓦解，封死了。或是說，有些「什麼東西」阻塞了出路。腐敗的空氣能經由人為的刺穿洩出，因此就紀錄上而言，死人確實是會放屁的。雖不是必然，但有可能發生。

瓦思提議我跟隨著他走上小徑。他知道我們可以在哪兒找到膨脹期的最佳示範。

瓦利還在工具房那裡躊躇，佯裝自願維修除草機，決心要逃避大門內的景象和氣味。我呼喚他，招手要他加入我們。我不想孤零零的，我希望有個並非天天目睹這般景象的伴。瓦利跟上來了，眼光不離他的球鞋。我們經過一副身長約兩百公分的屍體，穿著紅色的哈佛運動衫和運動短褲。瓦利緊盯著鞋子。我們路過一具女屍，她豐滿的乳房已經腐爛，只留下皮膚，就像皮製酒袋坍塌在胸膛上。瓦利的眼睛凝滯在鞋子上。

膨脹最明顯的部位在腹部，瓦思正解釋著，因為那是細菌最密集之處，但是膨脹也發生在其他熱門的細菌叢聚點，格外顯著的是唇部和生殖器官。「在男性身上，陰莖，特別是睪丸，會變得非常巨大。」

「到底多大？」(原諒我的冒昧。)

「不知道。就很大。」

「像壘球那麼大？西瓜那麼大？」

「好吧，像壘球。」即便瓦思的耐心像是取之不竭，但也快到極限了。

瓦思繼續檢視。由細菌產生的氣體使得嘴唇和舌頭浮腫，舌頭常腫得突出嘴外：真實生活一如卡通般誇張。眼睛卻沒有膨脹，因為老早就被液體融解滲掉了。眼睛消失了，只剩下兩個窟窿。真實生活和卡通如出一轍。

瓦思駐足低頭觀察。「這就是膨脹。」我們眼前是個男人，軀體嚴重擴張，脹得像顆大球，我誤以為他是某種家畜。至於鼠蹊部分，要推敲出什麼簡直不可能；昆蟲覆滿了整個區域，好像男人著了件底褲。臉部也模糊不堪了。這些蒼蠅幼蟲比起山丘下的同儕年長兩個星期，身形也壯碩許多。之前牠們仍是穀粒，現在則搖身一變成為熟米。牠們的生活也像米粒，緊湊黏密：一種溼潤、堅實的聚合體。若你低頭貼近幼蟲橫行的屍體三十至六十公分的距離（這點我奉勸諸位別輕易嘗試），你可以聽見牠們吞噬的聲響。瓦思為牠們下的註解是「大米脆片」。瓦利皺起眉頭，儘管他一度頗喜歡大米脆片的。

膨脹會持續直到有些部位無法負荷。大多時候是腸，偶爾是軀幹本身。瓦思自己從未目睹過，但是聽過兩次。「撕裂、剝扯的聲音」是他的形容。膨脹期為時不久，頂多一個星期就告一段落。最後一個階段，腐爛和敗壞，為時最久。

腐爛指的是細菌引起的組織分解和逐漸液化的狀態。這在膨脹期其實已經展開，因為造成屍體膨脹的氣體就是由組織分解所產生的，只是那時效果尚不明顯罷了。

瓦思朝著綠蔭扶疏的山坡向上走。「這邊的這個女人更接近旅程的終點。」他說。這是種不錯的說法。那些未經防腐處理的死者，只有接受敗壞一途；它們在自己的身軀上瓦解沉溺，終究流滲至泥土中。大家是否記得《綠野仙蹤》（*The Wizard of Oz*）中瑪格麗特・漢彌頓（Margaret Hamilton）的死亡場景呢？（「我融化啦！」）腐化多少就像瑪格麗特融化的慢速版本。女人躺臥在她自己的肉身泥濘中。她的軀幹沉陷，器官銷聲匿跡——都流洩到周圍的土地上了。

消化性器官和肺部首先崩解，主因在於它們是多數細菌的原鄉；上工苦力的數目愈多，建築物坍塌的速度愈快。腦部是另一個早逝的器官。「因為所有口腔的細菌會咬齧穿透顎部，」

瓦思解釋。而且人腦柔軟，易於侵蝕。「腦部迅速液化。從耳部傾瀉，化作泡沫從嘴巴滾汩而出。」

瓦思說，只要在三周以內，就還能辨識器官的殘留部分。「之後，看起來就像是混濁的濃湯了。」他知道我一定會追問，因此加上一句：「雞湯。黃色的那種。」

瓦利背過身去恨恨地說了聲：「太好了。」我們已經毀了瓦利心目中的大米脆片，現在又毀了雞湯。

肌肉的部分不只能餵食細菌，肉食性甲蟲亦在其上饜足。我原本不知道有食肉甲蟲這麼一種生物，但是，喏，牠們就是存在。有時皮膚會被吃掉，有時則完存。有時，視天候狀況而定，皮膚會乾硬至木乃伊的程度，這時對任何生物而言都難以吞嚥了。

步出實驗場途中，瓦思指出一具皮膚木乃伊化、俯臥的屍骸給我們看。腿部的皮膚直到腳踝上方仍附著著，至於軀幹，則是到肩胛骨。皮膚的邊緣起了像帶摺領口的縐折，像舞衣上搖曳生姿的波浪。雖然裸身，他看起來像穿了衣裳。服飾不似哈佛運動裝色彩鮮豔或質地溫暖，但是更能融入他沉睡的場景。

我們駐足了一會兒，看著這男人。

在佛經中有一段關於專注力的經文，稱作「九想觀」(nine cemetery contemplation，編按：另作「不淨觀」)。小僧侶在納骨堂中面對一排腐爛的屍體觀想，從一具「腫脹、淤青和潰爛的屍體」開始，進階到「被多種蟲類啃食的屍體」，然後才是一副屍骨，「無血無肉，由腱連結著」。僧侶不能終止冥想，直到入定，一抹微笑出現在臉上為止。我向瓦思和瓦利描述這段經文，解釋這是為了平和接受肉體存在的短暫，克服拒斥感和恐懼或是其他情感。

我們盯著那男人。瓦思揮趕著蒼蠅。

「來頓午餐如何？」瓦利問了。

大門外，我們花了好長一段時間在路邊砌石上清刮靴子的底部。不用真的踏上屍體，鞋子上已攜帶著死亡的氣息。原因為何我們已經見識過了，屍體周圍的泥土浸染在人體腐爛的液體中。藉著分析泥土中的化學物質，像瓦思這樣的專業人士可以鑑定屍體是否已被搬離分解的原地。如果特殊的揮發性油脂酸和人體腐爛化合物不在泥土中的話，表示屍體不是在那兒分解。

瓦思的其中一位研究生樂芙（Jennifer Love），正致力於研發一種芳香掃描科技，以評估死亡的時間。以食物和葡萄酒工業的技術為基礎，這種新發明現階段由聯邦調查局贊助。它是手持的電子鼻，只要掃過屍體上方，就可憑死屍散發的特殊氣味判斷出不同的腐爛階段。

我告訴他們福特汽車公司正研發一種電子鼻，用以確認可被顧客接受的「新車氣味」。他們期待新產品聞起來有種特定的味道：像是嶄新皮革的香氣，但又不含人造塑膠或是瓦斯外漏的氣味。這電子鼻可以確認新車聞起來合格。瓦思認為用在新車氣味鑑別的電子鼻科技，可能和用在嗅聞屍體的電子鼻相似。

「只要別把它們搞混就行了，」瓦利面無表情。他正想像著一對年輕夫妻剛試完車，妻子轉向丈夫說：「你知道嗎，這新車聞起來像個死人。」

腐爛中的人體氣味難以見諸文字。它濃稠、黏膩、甜蜜，但又不是花香的甜美。介於爛熟的水果和腐敗的肉品之間。我每天下午回家的路上，會經過一間腥臭的小農產品店，從那兒泛出的味道和這幾乎一模一樣，逼真到我發現自己不由自主地向木瓜堆後瞧，以為會發現一隻手臂或是光溜溜的腳丫子。除了親自前往我的社區聞上一聞，我還會建議好奇者到化學工廠走一遭，在那裡你可以訂購許多有機揮發物的合成品。瓦思的實驗室有成列的標籤玻璃瓶：糞臭素（Skatole）、十字花科蔬菜提煉的吲哚（Indole）、腐胺（Putrescine）、屍胺（Cadaverine）。而當我在瓦思的辦公室中拔起腐屍胺玻璃試管的木塞時，也許就是他開始要我滾蛋的那一刻。即使你從未接近過一具腐屍，你也聞過腐胺的氣息。腥臭的魚散發的氣味就是腐胺，這是我從引人入勝的《食品科學雜誌》（*Journal of Food Science*）中一篇名為〈冰庫保存的黑鰹魚的死後肌肉變化〉（Post-Mortem Changes in Black Skipjack Muscle During Storage in Ice）的文章得知。這和瓦思告知我的訊息不謀而合。他說他知道有廠商製造腐胺探測器，取代了醫師原本在診斷陰道炎時用到的消毒海綿和細菌培養過程，而我想，用來檢測鰹魚罐頭也一樣見效。

合成腐胺以及屍胺的市場雖然有限，但是專精的程度不減。「人類遺骸搜索犬」的訓練師使用這些合成物來訓練狗兒。[1]人類遺骸搜索犬和追捕脫逃的罪犯、或是搜尋全屍的狗兒是不同的，牠們的訓練是讓牠們在嗅測到腐化人體組織特殊的氣味時，警示主人。只要嗅聞水面，狗兒就能嗅出從湖底腐爛殘骸浮上來的氣體和脂肪，以便鎖定屍體的位置。牠們能察覺腐屍逗留不散的氣味分子，即使兇手已經將屍體自原地拖走有十四個月之久。

初乍聽時我幾乎不敢置信，但現在我不再懷疑，畢竟我那雙鞋在經過沖洗，外加在高樂士（Clorox）漂白劑中浸泡數月，屍體的氣味仍揮之不去。

瓦利開車載著我們，連同頭頂上籠罩的屍臭烏雲，到了一處河畔餐廳享用午餐。帶位的女孩年輕、粉嫩、朝氣蓬勃。她圓潤的前臂、緊緻的皮膚簡直是奇蹟。我想像她聞起來帶有痱子粉和洗髮精的香氣，就像生命和煦、快樂的氣味。我們遠遠避開女侍者和其他客人，好像我們身旁栓了隻壞脾氣又不可理喻的惡犬。瓦思向女侍示意我們有三位。但如果你把「味道」也算進去的話，我們稱得上是四個人。

「您想坐室外呢？還是……？」

瓦思打斷她：「室外。離別人愈遠愈好。」

這就是人體分解的始末。我敢打賭，如果十八、十九世紀的老實人知道死屍會有什麼下場、還有你我今日熟悉的細節的話，解剖也許就不顯得特別驚悚。一旦你看過人體解剖，一旦目睹過屍體腐爛，解剖這件事也就不再那麼令人生畏。是的，十八、十九世紀的人在下葬時，僅僅是為接下來的過程拉開序幕而已。在六呎下的棺木中，屍體最終還是難逃分解。並不是所有生存在人體上的細菌都得仰賴氧氣；必要時大有厭氧細菌代勞。

當然啦，今日我們有防腐技術。這意味著我們可從逐漸液化的噩運中解脫而出嗎？現代的殯葬學是否使我們徹底擺脫惱人的髒汙和瑕疵呢？死，究竟能不能符合美感要求呢？我們去瞧瞧！

眼蓋（eye cap）是個簡單、約十分銅板大小的塑膠片。它比隱形眼鏡稍大一些，堅硬些，但遠不如隱形眼鏡舒適。塑膠片被重複穿刺，因此細小、尖銳的刺便從表面上突起。這些細刺的功能，就跟那些容易造成「嚴重輪胎損害」（Severe Tire Damage）並讓租車人提心吊膽的道路釘一般：眼瞼會附著在眼蓋上，讓雙眼一旦闔上，就無法輕易打開。眼蓋是由一位殯葬業者發明，幫助死者瞑目。

這個早晨的某些時刻，我倒期待有人可以給我一對眼蓋。因為我在舊金山殯儀學院（San Francisco College of Mortuary Science）防腐室的地下室，杵在那兒，雙眼骨碌碌地睜著看。樓上就是營業中的殯儀館，更上層是學院的教室和辦公室，是國內歷史最悠久，名望最高的學校之一。[2]為了換得比較便宜的防腐手續，和其他的殯葬服務，顧客同意讓學生在已故的至親家屬身上練習。就像在沙宣美髮學院五美元一次的剪髮服務一樣。嗯，很像，又不太像。

我曾致電學院詢問關於防腐的問題：屍體能保存多久呢？又是以什麼形式呢？有可能永不

腐爛嗎？要如何辨到呢？他們同意解答我的疑惑，接著反問我一個問題：我想不想到現場實地看看呢？我想，嗯，真令人搖擺不定。

今天圍在防腐桌旁的是最後一學期的學生馬丁涅茲（Theo Martinez）和丹布羅吉歐（Nicole D'Ambrogio）。馬丁涅茲現年三十九歲，髮色深邃，一張修長、性格的臉，身形瘦削，他在一連串信用合作社和旅行社的工作後轉入殯葬業這一行。他說好處之一是殯葬業經常提供宿舍。（在手機和呼叫器未普及之前，大多數的葬儀社都附有公寓，所以夜間仍有員工可以接聽緊急電話。）至於美麗、有一頭光潤髮絲的丹布羅吉歐，是《昆西》（*Quincy*，譯註：美國國家廣播公司NBC自一九七六年至一九八三年間播放的警探劇）的劇情激發了她對這一行的興趣，我不禁聽得迷糊起來，因為如果我沒記錯，昆西是個病理學家。（無論他們如何向我解釋，聽起來說服力就是不夠。）這對搭檔身著塑膠和乳膠衣，任何打算要進入「噴濺區」（splash area）的人，包括我，都得這樣打扮。他們和血液共事；工作服是預防血液沾身和隨之而來的所有危險：愛滋病毒、肝炎，還有襯衫汙漬。

眼前的目標是名七十五歲的老人，或說是三個星期大的屍體，就看你怎麼想。老人生前的願望是將遺體捐獻做科學研究，但是因為屍體經過了驗屍程序，受贈者婉拒了老人的好意。解剖室挑剔的程度就像血統純正的女子尋覓情人般：你不能太胖、太高，或有任何傳染疾病。這具屍體在大學的冰庫中停放三周後，最後到了這裡。我承諾會在書中盡量隱藏任何可辨識的特黴，不過我覺得冰庫中乾燥的空氣已比我早一步做了這件事。他看來憔悴枯槁，像根凋謝的防風草。

在防腐開始前，屍體外部被按部就班清理梳洗過，彷彿這男人之後要開棺或開放親屬私下瞻仰遺容。（事實上，學生處理完畢後，除了火化爐的管理員外，不會有人看到屍體。）丹布羅吉歐先用殺菌劑擦拭口腔和眼睛，再用噴射水柱清洗。雖然我知道男人已經死去，但當棉花棒在他眼睛上塗抹時，我卻等著看他的退縮反應，而當水柱擊向喉嚨後方時，我期待他劈里啪啦地咳嗽。他的靜止，無聲無息的死亡，超越了現實。

學生依序處理。丹布羅吉歐在男人的嘴巴裡探看。她的手親暱地擱在男人的胸膛上。她有些疑慮，叫馬丁涅茲過來看看。他們低聲交談，接著馬丁涅茲轉向我。「口腔裡有個物體，」他說。

我點頭，想像著棉布，或是方格紋的碎布。「物體？」

「是流出物，」丹布羅吉歐提示。我還是不懂。

外號「麥克」的麥莫寧（Hugh McMonigle）是學院的講師，負責監督今天早晨的課程。他湊到我身邊來。「事情是這樣的，原本在胃部的東西，會自動跑到口腔中。」細菌分解作用所產生的氣體累積並壓迫胃部，將胃中的內容物擠回食道和口腔中。這情形似乎並不困擾馬丁涅茲和丹布羅吉歐，雖然流出物在防腐室中並不常出現。

馬丁涅茲解釋他要使用吸引器。好似要轉移我對眼前事物的注意力，他急促地說著：「西班牙文的『吸塵器』是『aspiradora』。」

在轉開吸引器之前，馬丁涅茲拿了塊布，從男人的下巴抹去看起來像巧克力糖漿的東西，但嘗起來鐵定不像。我問他在處理陌生人屍體和分泌物時，如何面對心理上的不快。就像瓦思，他說他盡量專注在光明面上。「如果屍體上有寄生蟲，或是這人牙齒不乾淨，或是死前沒清鼻子，在你改善情況後，他們看來會更體面。」

馬丁涅茲仍然單身。我問他從事殯葬業是否會拖累到他的愛情生活。他挺直腰桿，望著我。「我矮小、瘦弱，又不有錢。我想事業的選擇在阻礙我突破單身的原因排名上，應該已經排到第四位去了。」（說不定反而有幫助呢，因為他不到一年就要結婚了。）

接著馬丁涅茲在男人臉部上了層我想是消毒乳液的東西，看起來與刮鬍霜十分接近。而它看起來與刮鬍霜神似，是因為它根本就是。馬丁涅茲將新的刀片滑進刮鬍刀中。「當妳為亡者刮鬍子時，真的很不一樣。」

「我想也是。」

「皮膚的傷口無法復原，所以妳得小心刮痕。每次都要換刀片，用完就丟。」我在想，男人在生命將盡時，是否曾站在鏡前，手持剃刀，腦中閃過這會是他最後一次拿著刀片劃過臉頰，而對於命運為他安排的真正最後刮鬍儀式卻渾然不覺。

「現在我們要整塑五官。」馬丁涅茲說。他拉起男人一隻眼睛的眼瞼，然後將一簇棉花塞到眼瞼下，創造出原本眼球飽滿的弧度。奇怪的是，我觀念中和棉花關係最密切的埃及文化，並沒有使用他們頗負盛名的埃及棉來使萎縮的眼睛重新鼓起。古代埃及人用的是洋蔥。洋蔥耶！說真的，如果我必須在眼瞼下植入馬丁尼雞尾酒的圓球狀裝飾物，那我會選橄欖。

棉花上再放上一副眼蓋。「人們認為屍體的眼睛睜得大大的會令人困擾。」馬丁涅茲解釋，接著將眼瞼闔上。我腦海中的小角落有張螢幕，正播放著特別的立體圖像——那些小刺的特寫動畫。**聖母啊！吸塵器啊！**（Madre de Dio! Aspiradora!）若真有那麼一天的到來，大家絕看不到我開棺供人憑弔。

從尋常老百姓的喪禮特色來說，開棺憑弔是晚近的發明，大約從一百五十年前開始。據麥莫寧所言，除了保證殯葬業者所稱的「音容宛在」之外，這有幾個目的：它可以向家屬確保，他們摯愛的親人確實已經死亡，而不會發生活埋的情形，而且確保裝在棺木中的屍體確實是他們的至親，而未遭掉包誤裝。我在《防腐之實施準則》（*The Principles and Practice of Embalming*）中讀到，開棺之所以流行也是因為防腐師父可以炫耀技術的高明。不過麥莫寧不同意此說，指出早在防腐技術之前，棺木中的屍體就被放在冰塊上於喪禮中供人弔唁。（我傾向於認同麥莫寧的說法，畢竟這本書還說「如果保存在適當環境，許多屍體的組織也能擁有不朽的特性……理論上，將一顆雞心栽培成像世界那麼大也是有可能的」。）

「你已經清過鼻子了嗎？」丹布羅吉歐高舉著小型的鎘黃色剪刀。馬丁涅茲回答還沒。她將剪刀伸入鼻孔，先修剪鼻毛，再擦拭消毒液。「這讓亡者保留一些尊嚴。」她說，並將小棉球伸進伸出男人的左鼻孔。

我喜歡「亡者」(decedent）這個說法。好似人尚未真的死去，不過是被冗長的官司訴訟纏身罷了。可想而知，殯葬學中充滿婉轉的替代詞。「別說『屍體』、『死屍』之類的字眼，」《防腐之實施準則》責難讀者：「要說『亡者』、『遺體』，或是『白先生』(Mr. Blank，譯註：英文中『blank』意為空白，同於『某某先生』)。別說『保管』要說『保存維護』……而皺紋成了『後天的顏面紋路』。」分解後的人腦從損傷的顱骨中滲透，化作泡沫從鼻孔溢出，這種情形稱作「泡沫流出物」。

最後要處理的是口部，若是不硬性閉合，嘴巴只能張得開開的。丹布羅吉歐忙著用曲針和大號粗線將顎部縫合時，馬丁涅茲在一旁解說：「目標是從原本的針孔再次將線穿入。針從牙齒後面出來，現在她將線穿經其中一個鼻孔，然後是鼻中隔，再穿回嘴巴裡面了。關閉嘴巴的方法有好幾種。」他附帶一提，接著聊起一種叫針頭注射器的東西。我用嘴巴作出一個飽受驚嚇的形狀，這成功地讓馬丁涅茲閉嘴，縫合就在沉默中繼續進行。

馬丁涅茲和丹布羅吉歐向後退了一步，審視他們的作品。麥莫寧點頭默許。一切就緒，白先生可以接受防腐了。

現代的防腐運用循環系統，將液態的保存劑輸送至人體細胞，暫緩自體融解，拖延開始腐爛的時機。正如血管曾將氧氣和養分送達細胞的血液和毛細管，現在，這些血管已無血液流過，而流著防腐液。我們知道首次嘗試動脈防腐[3]的是荷蘭生物學家和解剖學家組成的三人小組，這當中有史望爾（Swammerdam）、洛意緒（Ruysch）和布朗蕭（Blanchard），三位皆生於十七世紀後葉。早期的解剖學家得應付解剖屍體的長期不足，因此才開始動腦筋構思保存那些他們已經取得的人體。布朗蕭的課堂用書是第一本涵括動脈防腐的教科書。防腐得先將動脈切開，用水將血沖出，再將酒精灌入。聽起來像是我曾參加過的兄弟會派對。

動脈防腐在美國南北戰爭前尚未風靡。戰爭進行得如火如荼時，陣亡的美國將士基本上被埋葬在他們倒地不起的那塊土地下。他們的親屬會以書信要求特別挖掘，並將一只能夠密封的棺材運往最近的後勤部隊辦公室。但通常家屬寄到的棺材無法密封——當時誰會知道「密封」的精確意義呢？現在的我們誰又瞭解呢？——沒多久屍體就發臭滲出液體。被屍臭圍繞的運送旅隊於是緊急陳情，軍隊開始防腐約三萬五千具的屍體。

一八六一年一個晴朗的日子，二十四歲的上校艾爾墨．艾伍思（Elmer Ellsworth）從一間旅館屋頂奪下一面南方聯邦旗後，中槍身亡，他的軍階和勇氣，見證了「艾爾墨」這個予人懦弱印象的名字可激發出的動力。人們為上校安排了英雄式的葬儀，第一級的防腐程序，由防腐之父[4]荷姆斯（Thomas Holmes）操刀。民眾列隊瞻仰棺木，躺在裡面的艾伍思看起來像個十足的軍人，身軀一點也沒有凋朽的跡象。防腐在四年之後又被炒作了一次，即林肯經防腐的遺體從華盛頓運回家鄉伊利諾州的時候。這趟火車之旅最後變成殯葬防腐的宣傳行，因為只要中途靠站，便會湧上前來致意的人們，而不少人馬上留意到，躺在那棺木中的林肯看來確實比自己早先去世的祖母好太多了。風聲傳得很快，有樣學樣的人多了起來，就像顆膨脹的雞心一般，轉眼間全國都將他們過世的親人送去保養防腐了。

戰後，荷姆斯做起販售專利防腐液（Innominata）的生意，他的顧主多為防腐業者，但是他自己卻逐漸淡出殯葬業。他開了一間藥店，製造沙士飲料，投資一間健康水療俱樂部，這三個生意都賺了錢，讓他得以揮霍享受。他終身未娶，也沒生小孩（當然，防腐技術除外），但是要說他孤寂度日也不全然正確。根據魁格利（Christine Quigley）所著的《屍體通論》（*The Corpse: A History*），他和其戰前的作品樣本同居於紐約布魯克林的房子中：防腐屍體儲存於衣櫃中，頭顱放置在客廳的長几上。並不令人意外的是，荷姆斯的精神日益錯亂，晚年在進出療養院中度過。七十歲時，他在殯葬業的季刊上刊登廣告，推銷一款外加橡膠的帆布屍體運送袋，他還建議，此產品可當睡袋使用。在他去世前不久，有傳言說荷姆斯要求他的遺體不要防腐，這到底是神志清楚的指示，亦或是狂言囈語的結果，我們始終無法明白。

馬丁涅茲觸摸著「白先生」的脖子。「我們在找頸動脈。」他宣布。他在男人的脖子上劃下縱向的小切口。因為已經沒有血流，在旁觀看也不覺得心驚，彷彿這動作本來就是類似一般將屋頂建材鋸割或是切下泡棉芯（foam core）的工作，而非平常會聯想到的行徑：謀殺。現在脖子出現了隱密的凹陷，馬丁涅茲將手指伸入。在一陣探索後，他拉出了動脈，再用刀片割斷它。鬆垂的動脈尾端呈粉紅色，像塗了橡膠一般，看起來很像整人放屁坐墊（whoopee cushion）的塑膠充氣口。

接著進行插管，喉管由另一段配管連到一罐防腐液中。麥莫寧開始灌注。

從這時起一切的疑惑煙消雲散。幾分鐘之內，男人的臉頰煥發了起來。防腐液重新溼潤了組織，飽滿了凹陷的雙頰和皺起的皮膚。他的皮膚粉嫩（防腐液中含有紅色染劑），不再鬆弛粗糙。他看起來不只健康，而且是生氣蓬勃得不可思議。這就是為什麼在舉行開棺喪禮前，不能只將遺體塞進冰箱保鮮而已。

麥莫寧告訴我一個九十七歲的老太太，防腐後看起來卻像是六十歲。「我們還得畫上皺紋，不然家屬都認不得她了。」

即使今天早上的「白先生」外貌看來年輕矍鑠，但終究難逃腐敗。殯葬防腐的目的是在喪禮過程中力保屍體的清新，使屍體看起來不像屍體，但也僅止於此而已。（解剖系所為了延長效果加重使用高濃度的福馬林；這些屍體可以在數年之間維持不變，雖然它們有種恐怖片中醃漬浸泡後的效果。）「一旦地下水面上升，棺木開始受潮，」麥莫寧承認：「屍體便開始腐化，和沒有防腐的遺體相同。」水會逆轉防腐的化學反應，他說道。

喪葬業者出售密封的地下墳墓，阻擋空氣和水的滲透。但即使如此，屍體美麗永駐的前景依舊堪憂。人體可能含有細菌孢子，有進入「假死狀態」的強韌ＤＮＡ囊體，足以忍耐極端的溫度、乾燥和化學物傷害，包括防腐劑的破壞力。最終甲醛的抵禦作用會崩潰，孢子突破海岸線，虎視眈眈準備讓更多的細菌軍登陸。

「殯葬業者從前聲稱防腐是永恆的，」麥莫寧說：「只要生意做得成，相信我，防腐員工什麼話都說得出口。」昌柏斯（Thomas Chambers）也同意這個說法。他是昌柏斯連鎖殯儀館的一員，他的祖父當初游走在品味的邊緣，以贈送月曆為推銷手法。月曆的特色是用凹凸有致的女體剪影橫臥在殯儀館的廣告詞上：「昌柏斯給您美麗軀體。」（根據密特福在《美國式的死亡》這本書的暗示，這具女體似乎不是殯儀館內接受防腐的屍體之一；即使昌柏斯爺爺作風大膽，這也未免太過分了。）

防腐液廠商以前也會用贊助最佳遺體保存競賽的方式來鼓勵實驗研發。他們希望某家殯儀館能因為技術高超或天助，找出防腐劑和水化合物的完美平衡，使得一具屍體能保持數年而不變成木乃伊。與賽者將保存效果格外出色的亡者照片寄至主辦單位，附加書面詳列處方和步驟。勝出的參賽者文件與照片即可刊登在喪葬業雜誌上，前提是在密特福之前，應該沒有這行以外的讀者會閒來無事捧讀《向陽棺木》。（*Casket and Sunnyside*，譯註：這是從一八七一年到一九八八年發行的一份殯葬服務業雜誌。）

我問麥莫寧是什麼原因讓殯葬業者改變他們保證永久防腐的說辭。結果如我所料，以官司收場。「有個人把他們告上了法庭。他在墓園為母親買了個位子，每隔六個月他就會帶著午餐，將他母親的棺木打開，趁午餐休息的空檔探望母親。在一個特別潮溼的春日，有些溼氣侵入了，他發現母親居然長了鬍子。原來她已發霉。他一狀告上法庭，獲得葬儀社兩萬五千美元的賠償。就這樣，他們從此不再做出這種擔保。」緊接著是來自聯邦交易委員會的打擊，根據他們於一九八二年通過的喪禮條例，殯葬業經營者不得以永久防腐的棺材作賣點。

防腐就是這麼一回事。它讓你在喪禮上看來英氣懾人，但是沒有辦法阻止你走向腐敗發臭或變成萬聖節厲鬼。它僅是暫時的保存法，就像香腸中的亞硝酸鹽一樣。所有的肉類，無論你如何耗費心神，最終只有凋萎發臭一途。

重點是無論你決心怎樣處理你死後的遺體，它最後不可能有人世間的美貌。如果你慎重考慮將自己捐作科學用途，就別讓解剖或肢解的景象阻撓你。在我的眼裡，比起日常可見的腐爛，或是為葬禮瞻仰儀式而用針穿過鼻孔縫合下顎，解剖並不格外令人毛骨悚然。而若你仔細去探究，就會發現即使是火葬也不是那麼令人心曠神怡，正如倫敦大學病理解剖學的前任資深講師伊凡思（W. E. D. Evans）在他一九六三年的《死亡的化學》（*The Chemistry of Death*）中所言：

皮膚和頭髮頃刻間燒炙，焦黑、凋萎。肌肉蛋白質的熱凝結效應此時開始顯著，使得肌肉逐漸萎縮，還有大腿持續叉開，伴隨著逐漸形成的四肢彎曲。有一說是焚燒初期，熱會使得軀幹激烈地扭曲，促使屍體突然「坐立」起來，衝破棺蓋，可是沒有人親眼目睹過這種情形。

偶爾在皮膚和腹部肌肉焦黑和分裂前，腹部會腫脹起來；這是因為蒸氣形成和腹部內容物的氣體擴充使然。

軟組織的破壞使部分骨骸逐漸暴露。頭骨很快就喪失所有的覆蓋物，接著肢體的骨頭外露……腹部器官燃燒緩慢，肺部尤甚費時。經由觀察得知在屍體的焚化過程中，腦部面對烈火吞噬尤其頑強。即使當頭骨已完全瓦解銷融，腦部仍和火焰僵持不下，黑暗、渾沌的泥狀物，溼黏黏的……最後五臟六腑皆消散，脊椎現形，熾烈的火焰中白骨閃爍，骨骸分崩離析。

丹布羅吉歐防濺面罩的內裡有了串串汗珠。我們在這裡已經超過一小時了。快要大功告成。馬丁涅茲向麥莫寧問：「該縫合肛門了？」他轉向我。「不然殮衣會浸滿漏出來的液體，那就完了。」

我不介意馬丁涅茲的實事求是。生命本來就是如此：滴漏、沾浸和失控，膿汁、鼻涕、黏液和分泌物。出生和死亡的那一刻，在起點和盡頭我們逃不開。但在那之間我們嘗試遺忘。

既然我們的亡者不會有喪禮儀式，由麥莫寧決定學生是否需要完成這最後的步驟。他決定省略。除非參觀者想要見識見識。他們全瞅著我。

「不了，謝謝。」今天的生物課到此為止吧。

註釋

1 抱持純粹主義的訓狗師堅持用實物來訓練狗。我花上一整個下午待在墨菲空軍基地一處廢棄的宿舍，就為了探訪一位這樣的女訓練師，並看她驗收訓練的成果。黑蒙（Shirley Hammond）是基地的常客，人們經常瞄見她往返的車子，手裡總是攜帶粉紅色的運動袋和塑膠冰桶。假若你問她裡面裝了什麼，而她也願意據實以告的話，答案多半是：一件血跡斑斑的襯衫、腐爛屍體下方的汙泥、埋在水泥中的人體組織、一塊沾過屍體的布料、人類臼齒。黑蒙訓練的狗兒不聞合成物。

2 可惜的是，它也是最昂貴、而且學生數目最少的殯葬學校。二〇〇二年五月，在我拜訪過後的一年，學院正式關閉了。

3 但這絕非史上首度嘗試做屍體防腐。早期的肉身保存術包括：十七世紀義大利醫師賽家托（Girolamo Segato）的發明，他研發出一套將屍體變成石頭的方式；還有倫敦的醫學博士馬歇爾（Thomas Marshall）一八三九年出版的一篇論文，內容敘述一種防腐技術，必須先在身體表面以剪刀大量戳孔，再以醋洗刷身體。上述方法和阿多夫食品公司（Adolph's company）教家庭主婦扎一扎牛排好讓肉變嫩，是一樣的道理。

4 什麼事都有個創始之父嗎？顯然是的。在網路上搜尋「……之父」，結果輸精管切除術、鄉村爵士、地衣植物學、雪地汽車、現代圖書管理、日本威士忌、催眠術、巴基斯坦、天然護髮產品、腦葉切除術、女子拳擊、現代選擇權證券理論、沼澤馬車、賓州鳥類學、威斯康辛六月禾、颶風研究、已禁用的芬芬減肥藥（Fen-Phen）、現代乳品業、加拿大自由社會、黑人民權運動和黃色校車巴士等，皆有個創始之父。

4 屍體能開車？

撞擊承受力科學

大致來說，死人天分普遍不高。死人不能玩水球（water polo）、穿靴子繫鞋帶，或達到最大的市場占有率。死人不會說笑話，也不會興高采烈地跳舞。但有件事死人卻絕對勝出。它們忍痛力過人。

就拿UM006來說好了。UM006是具屍體，它最近從密西根大學橫越底特律，抵達韋恩州立大學（Wayne State University）。今晚約七點鐘它要執行的任務呢，是被直線衝擊器撞擊肩膀。它的鎖骨和肩胛骨可能會斷裂，可是它不會感覺一丁點的疼痛，這些傷害也不會干擾到它平常的作息。正因為屍體UM006同意肩頭被重擊，研究人員能找出在側面撞擊車禍時，人類肩膀究竟能夠承受多少力量而不會重傷。

過去六十年間，死者已經幫助活人測試出顱骨猛擊、胸腔穿刺、膝蓋擠壓和內臟碎裂的人體承受限度……所有人體可能因車禍而受到不忍卒睹的慘事。一旦汽車製造商知道顱骨、脊椎或肩部能夠承擔多少壓力，他們就能設計出意外發生時不會超越人體壓力限度的產品。

你可能正狐疑，就像我當初一樣，為什麼他們不能用撞擊測試假人呢？這其實是方程式的另一邊。假人可以告訴你撞擊釋放在不同假人身體部位的力量，但若是對真實人體能夠吸收多少衝撞一無所知，這些資訊就一點用也沒有。比如說，首先我們需要知道，在不損害胸廓（rib cage）內柔軟、溼潤內容物的情況下，能夠被擠壓的極大值是七公分。接著，如果一具假人在一款新車中撞向方向盤後，胸腔偏斜了十公分，你就知道國家公路交通安全委員會（National Highway Traffic Safety Administration/NHTSA）不會允許這部新車上市。

死人對安全駕駛的第一項貢獻是不會造成顏面傷害的擋風玻璃。第一批福特汽車沒有加裝擋風玻璃，這就是為什麼早期的駕駛人都帶著護目鏡。他們可不是在緬懷一次世界大戰空戰英雄的功績，而是在保護眼睛免受強風和昆蟲的侵襲。第一批擋風板是由普通玻璃製成，用來切阻勁風，很不幸的是，這同時也切開了車禍時駕駛的臉龐。即使是早期的薄板玻璃，在它被施用的一九三〇年至一九六〇年代中期，若發生意外，前座乘客無不是血肉模糊，從頭皮至下巴布滿駭人的裂傷。頭部會直衝擋風板，在玻璃上撞出頭部形狀的大洞，然後，在從洞口激烈的反彈作用力中，被玻璃碎裂的鋸齒割劃。

強化玻璃是隨後跟進的新發明，硬度足以防止頭部撞穿玻璃，但是這時的顧慮就成了衝撞強化玻璃時所造成的腦傷。（物體彈性愈小，衝擊力量的傷害性愈大：想一想溜冰場和草地的對比。）當時的神經科專家明白前額衝擊造成的腦震盪會合併一定程度的顱骨破碎。你無法讓死人腦震盪，但是你可以檢驗它的頭骨，或是前額髮線斷裂程度，而這就是研究人員測試的目的。在韋恩州立大學，屍體俯身倒向一面模擬車窗，然後從不同高度落下（模擬不同的速度），以前額衝撞玻璃。（恰好和大眾印象相反，撞擊測試的屍體通常不會放置在行進車禍的前座，因為駕駛不巧也是屍體無法勝任的眾多技能之一。多數情況中，屍體不是透過墜落的方式，就是維持不動，由可控制的撞擊裝置迎面撞擊。）研究顯示，強化玻璃只要不過厚，便不太可能造成足以引起腦震盪的力量。如今的擋風玻璃彈性更高，使得頭部可以在沒繫安全帶、時速四十八公里的正面撞擊車禍中安然無恙，若還有什麼美中不足的，就是多了一道撞傷和駕駛技術與一般屍體無異的駕駛人。

即使有了擋風玻璃，以及平板無鈕、襯墊式的儀表板，腦傷仍是車禍致命的罪魁禍首。頭部的重擊往往並非那麼嚴重。反倒是撞擊後朝某一個方向急甩，然後又猛然急速拉回（這稱作「迴旋」〔rotation〕），才極易造成致命的腦傷。「如果你一頭撞上物體，但是頭部沒有迴旋的話，得很費力才能使你倒下。」韋恩州立大學生物工程中心的負責人金恩（Albert King）如是說。「同理，如果你只是頭部迴旋，但沒有任何撞擊，也很難造成嚴重損害。」（高速的車尾重擊有時也造成這樣的情形；頭部先被甩向後方，然後在快速的前衝，力量之大將大腦表面的血管皆撕裂。）「在一般的車禍中，兩種撞擊綜合起來時，即使兩者力量皆不大，你還是會有嚴重的頭傷。」窄路相逢時的側面衝擊尤其是將乘客推向昏迷的頭號殺手。

金恩和同事正試著理解究竟在這些頭部撞擊和迴旋情景中，腦部受到什麼影響。在城市另一端的亨利福特醫院中，研究小組以高速X光攝影機，[1]拍攝模擬車禍中的屍體頭部。以便尋找頭蓋骨下發生的變化。截至目前為止，他們發現更多金恩口中所謂的「腦內晃動」(sloshing of the brain)，其與迴旋的關聯性遠比以往想像還大。「腦部出現像阿拉伯數字8的痕跡。」金恩說。溜冰選手最常吃這種苦頭：當腦部受到所謂「廣泛性軸突損傷」(diffuse axonal injury)的內部劇烈晃動，足以造成腦部軸突微管中潛藏的致命撕裂傷和出血。

胸部創傷也是衝撞致命的另一個常見因素。(就連車輛發明之前也是如此；早在一五五七年，解剖學家維薩留斯就曾描述一名從馬上摔下的男子爆裂的大動脈。) 安全帶尚未使用之前，方向盤是車內最致命的物件。迎頭撞車時，身體會向前滑動，胸部撞上方向盤，力量強大到足以讓方向盤外圍的圓圈向內包住中間的支柱，就像收傘一般。「我們看過一件案例，是一個男人的車子迎面撞樹，那是部Nash牌的車，方向盤的中央有個N字，結果那標誌在撞擊後居然就印到他胸膛中間了。」一位名為胡可（Don Huelke）的安全研究員回憶，他從一九六一年到一九七〇年間曾親訪密西根大學周遭每個致命車禍的現場，並記錄意外經過和事發原因。

直到六〇年代，方向盤的支柱造型狹窄，有時直徑只有十五或十八公分。就像滑雪桿沒有圓形底框時會陷進雪地中，而方向盤的圓框向後彎曲後支柱會陷進身體內。在某個不良的設計中，車輛方向盤支柱的角度和位置，便直直對著駕駛的心臟。[2]正面撞擊時，你最不願被刺穿的地方就會因此刺穿。即使金屬未必刺穿胸部，但光是衝擊力本身就足以致命。雖然大動脈以厚度著稱，但很容易破裂，因為每隔一秒，就有一磅重的血液從大動脈解放出來，打進心臟。這重量加上如同方向盤直接衝擊一般的足夠外力，所產生的壓力連身體內最大的血管都受不了。如果你堅持開沒有配備安全帶的舊車兜風，那請選擇正確的撞車時機，也就是在你心跳的心臟收縮時血液被擠壓出去的當下。

有了這層考量，生物工程師和汽車製造商（尤其是通用汽車公司）開始將人類屍體帶進撞擊模擬機的駕駛座，車子的前半部在測試托架上加速，然後突然靜止，以模仿正面撞擊的力量。這項實驗的其中一個目標是設計撞擊時會折疊的方向盤，足以吸收足夠的衝擊力來防止心臟和其血管受到重創。（引擎蓋的設計現也遵循同樣概念，所以連在小車禍中都可以見到完全彎曲的引擎蓋，這是基於車子毀損的愈多，駕駛人受傷就愈少的概念。）通用汽車第一座可折疊方向盤支柱在一九六〇年代早期問世，使正面相撞的死亡率減半。

時間流轉。這些死屍的履歷上充滿令他們引以為傲的貢獻，這當中包含保護大腿及肩部的安全帶、全安氣囊、儀表板襯墊、隱藏式儀表板按鈕，這些安全設施經測試由政府立法通過（五〇年代到六〇年代間的驗屍報告中有為數不少的X光片，顯示收音機轉鈕嵌在頭部中的影像）。這可不是件容易的差事。之前汽車製造商為了縮減成本，費時多年想要證明安全帶所造成的傷害遠超過其助益，因此車內不須裝設。後來在無數的安全帶研究中，人體經常被捆抑壓碎，內臟被探測出有破裂損傷的跡象。為了建立人類顏面的忍耐極限，屍體以頰骨直接面對「迴轉撞擊」的火線攻擊，它們的小腿在保險桿衝撞的模擬實驗中破裂，大腿則被猛擊而來的儀表板粉碎。

這畫面令人驚悸，但絕對有其存在的道理。正因為屍體研究結果所帶來的轉變，現在即使是時速九十六公里正面衝撞牆壁的車禍，我們仍見乘客生還。在一九九五年《創傷期刊》（*Journal of Trauma*）中一篇名為〈傷害預防中屍體研究的人道利益〉（Humanitarian Benefits of Cadaver Research on Injury Prevention）的文章裡，金恩計算從一九八七年起，由於屍體研究所成就的車輛安全改良，每年平均挽救了八千五百條生命。每具在衝撞橇中行駛的屍體，所測試的三點安全帶，就可以挽回六十一位乘客的性命。每具飽受安全氣囊轟炸顏面的屍體，讓一百四十七人在致命的正面衝撞中得以倖存。每具屍體以頭部碰撞擋風玻璃的結果，每年有六十八條人命在死亡邊緣存活。

不幸的是，當眾議院監督和調查小組委員會主席摩斯（John Moss）於一九七八年召開聽證會，以調查車輛撞擊測試中的屍體用途時，金恩的手邊卻沒有這些數據。眾議員摩斯說他「個人對於此類實驗感到厭惡」，他說公路交通安全委員會中有一股「認為屍體研究為必要手段的信仰」已經隱然成形；而他深信一定有其他的方式可以達成相同的目標。他要求能證明屍體在撞毀的車子內和活人有一樣反應的具體證據。但就如被激怒的研究人員指出，這類證據永遠無法取得，因為那代表得找一組活人來經歷和死屍一樣的強力撞擊測試。

奇特的是，屍體並不會特別讓眾議員摩斯作嘔；投入政界前，他曾在殯儀館工作過。他也不是特別保守的議員。他是民主黨員，一個支持行車安全的改革者。是什麼使他心煩呢？曾在聽證會中作證的金恩認為原因如下：他長期致力於強制安裝安全氣囊的立法，結果一項屍體研究結果顯示安全氣囊比安全帶更容易造成創傷，他便惱火了。（安全氣囊有時確實造成傷害，甚至致命，尤其當乘客傾身趨前或是偏離安全位置時。不過，為了還摩斯一個公道，我得說這兒的安全氣囊比較舊型，而且可能較脆弱。）摩斯的立場矛盾：一個車輛安全遊說者竟然反對屍體研究。

最後，有了國家科學院、喬治城生物倫理學中心、全國天主教會的支持，還有一位著名醫學院解剖學系院長發表聲明：「這樣的實驗和醫學院解剖課堂同等重要，且對人體的損傷程度更低。」加上貴格教會（Quaker）、印度教、改革派猶太教的代表背書，委員會決議摩斯自己是個「偏離安全位置」的傢伙。要在撞擊測試中找到活人的替身，沒有比死人更好的選擇。

老天知道研究者已經窮盡所有的替代方案。在撞擊測試科學發軔之際，研究者經常親身上陣。金恩在生物工程中心的前輩派崔克（Lawrence Patrick），自願擔任撞擊測試替身有數年之久。他搭乘碰撞臺車約四百次，而且還曾被二十二磅重的金屬擺錘猛擊胸膛。他曾經讓膝蓋被外加荷重器的金屬棒重複碰撞。一些派崔克的學生亦「不落人後」。如果那樣的行為可用勇氣二字比擬的話，他們真是勇氣驚人。一篇一九六五年由派崔克完成的膝蓋測試報告中，描述他自願乘坐碰撞臺車，忍受相當於一千磅重的膝蓋撞擊。創傷臨界點估計約為一千四百磅。他於一九六三年的研究〈顏面損傷——成因和預防〉（Facial Injuries-Cause and Prevention）裡頭有一張年輕人的照片，看似平靜地闔眼休憩。事實上，仔細觀察後，一點也不平和的事情便顯露出來。首先，男子是以一本名為《頭部創傷》（*Head Injuries*）的書當作座位上的靠頭墊。（不甚舒適，不過遠比閱讀它來得愜意。）就在男子顴骨正上方，懸掛著圖說標明為「重力衝擊器」的可怕金屬桿。這篇文章告訴我們「自願受測者等待數日，直到腫脹消褪，然後繼續進行測試，以檢驗他能忍耐的能量極限」。這就是問題所在：無法超越創傷極限的衝擊資料幾乎是白費工夫。你需要那些無痛無感的人。你需要屍體。

摩斯想要知道汽車衝擊測試為何不以動物測試，但實際上這方法曾被採用。第八屆史戴普汽車撞擊和實地示範會議的導論，描述開場的方式有如孩子回憶去馬戲團觀戲的情景：「我們到看黑猩猩搭乘火箭臺車，大熊坐在衝擊懸吊桿上……我們觀察一隻豬，全身麻醉，繫著皮帶端坐在衝擊桿上，全速撞向深盤狀的方向盤……」

豬隻是熱門的替代動物，因為如一位內行人所言，「就器官結構而言」牠們與人類相仿，而且因為牠們可以被擺弄，故能有效模擬汽車內人類的姿態。就我得到的觀察，豬隻和坐在車內的人們智商結構相仿，態度沒什麼不同，其他方面也看不出多大差異，只須排除使用杯架和操縱收音機按鈕的可能性；不過這點我們也無從得知。近年來，動物基本上只在需正常功能器官的實驗中代勞，因為屍體在這類情形中實在無法上陣。比如說，狒狒常參與頭部在側面激烈重擊下迴旋的試驗，提供側面衝擊為什麼經常造成乘客昏迷的線索。（這時研究人員就須面對動物保護團體嚴厲的抗議。）健康的狗兒被徵召參與大動脈破裂的研究；基於不知名的原因，屍體在實驗中以大動脈不易破裂著稱。

現今仍有一種類型的汽車衝擊研究使用動物，那就是兒童的衝擊測試。雖然使用屍體實驗的準確度會高出許多，但沒有孩童會將自己的遺體捐贈作為科學用途，而且沒有研究者願意在悲悼的父母面前提起遺體捐贈的事，即使關於兒童和安全氣囊的創傷資料需求孔急。「這是個嚴重的問題，」金恩告訴我：「我們試著用狒狒測量，但承受力差太多了。小孩的顱骨尚未完全成形；發育時還會改變。」一九九三年時，海德堡大學醫學院（Heidelberg University School of Medicine）的研究小組卯足勇氣在兒童身上進行衝擊測試，並且膽敢在當事人不知情的情況下進行。媒體將此事揭露，發現神職人員也有涉案，此機構於是被迫關閉。

姑且無論兒童資料，人體重要器官的直接衝擊忍受極限許久以前即已建立，今日屍體遭徵召的原因多半是為了身體外在部位的衝擊研究：腳踝、膝蓋、腳、肩膀。金恩告訴我：「過去出了嚴重車禍的乘客下場只會淪落在停屍間。」沒有人在乎死人的腳踝是否破裂。「現在駕駛人因為安全氣囊的發明得以活命，於是我們就需要開始考慮這些情形。有人腳踝和膝蓋受創，一輩子無法再正常行走。這些都是當今最主要的殘疾。」

今天在韋恩州立大學的衝擊實驗室，屍體肩部正準備接受撞擊，而金恩不吝於向我提出現場觀察的邀約。其實呢，他並沒有邀請我。是我問他能否到實驗室看看，而他也同意了。不過，只要你想到我即將目睹的情景，想到大眾對這類議題有多敏感，而且考慮到金恩曾經讀過我的作品，也明白本書讀來並不全然像《國際耐撞性期刊》（*International Journal of Crashworthiness*）時，他的確是超乎尋常地大方。

韋恩州立大學自一九三九年以來就在衝擊研究領域耕耘，比任何一所大學都來得悠久。在生物工程中心正面階梯平臺上方的牆上，一面旗幟寫著：「普校同慶『衝擊』研究五十周年」。現在是二〇〇一年，表示距離五十周年已有十二年了，居然沒有人想到將旗幟摘下。這點還算符合一般人對工程師的期待。

金恩正在往機場的路上，所以他把我託付給他的同事、生物工程教授嘉福納（John Cavanaugh），他是今晚衝擊測試的監督人。嘉福納一眼看上去就像個工程師，他像年輕時的強沃特（John Voight，譯註：一九三八年出生的美國演員，是演員安潔莉娜・裘莉〔Angelina Jolie〕的父親），如果可以這麼說的話。他的面容籠罩著實驗室的氣息，蒼白、模糊、平凡的棕色頭髮。當他說話或移開眼神時，他的眉毛挑起，額頭緊蹙成一團，以至於眉宇間總是釋出一股永恆的輕微焦慮。嘉福納領我走向樓下的衝擊實驗室。那是間典型的大學實驗室，草率地擺著老舊器材，裝潢則以粗體字的安全警語為主調。嘉福納介紹我認識今晚的研究助理梅森（Matt Mason），還有馬爾斯（Deb Marth），這次的衝擊測試就是為了她的博士論文而做，然後嘉福納一溜煙消失到樓上去了。

我環視實驗室尋找UM006的蹤跡，就像我孩提時代潛進地下室，搜尋會從樓梯欄杆間伸出爪子攫住你雙腳的怪物。它還不在這裡。一具衝擊測試假人坐在臺車軌道上。上半身在大腿上歇息，頭部枕在膝上，一副絕望頹喪的模樣，也許是因為它沒有手臂的緣故。

梅森正將高速攝影機連接到兩臺電腦和直線衝擊器上。衝擊器是巨大的活塞，由壓縮空氣推進，架設在大小如園遊會小馬的鋼鐵基座上。此時走廊傳來輪子轉動的咔嗒聲。「他大駕光臨囉，」馬爾斯說。UM006躺在金屬擔架車上，由一名灰髮粗眉、和馬爾斯一樣身罩手術服的精壯男人推著。

「我是魯安（Ruhan），」濃眉下的男人自我介紹：「我是運送屍體的員工。」他伸出戴著手套的手。我揮了揮手，示意他我沒有戴手套。魯安來自土耳其，在家鄉時原本是位醫生。醫生現在的工作居然是替屍體包尿布、換衣服，他那樂觀的性情令人敬佩。我問他替屍體換穿衣裳有何困難？他是如何做到的？魯安描述過程，然後停頓了一下，問我：「妳去過療養院嗎？

就是那種感覺。」

UM006今晚穿著藍色小精靈色的舞衣和同色系的緊身褲。緊身褲下穿著尿布預防體液外洩。它舞衣的頸線寬大、帶摺，就像舞者般飄逸。魯安證實屍體身上的舞衣是從舞蹈服裝器材店購得。「如果他們知道一定嚇壞了！」為了確保屍體匿名，臉部以柔軟舒適的白棉罩覆蓋。它看起來彷彿正要去搶銀行，原本應該往頭上套絲襪，倉促之間卻誤戴了棉製運動襪。

梅森將手提電腦放下，幫忙魯安將屍體放到衝擊器旁桌上的車座。魯安的比喻極對。這就是療養院的差事：穿衣、搬運、安排。病痛虛弱的老朽，和屍體間的差距不大，兩者間界限模稜含糊。與病弱的老者相處愈久（我曾見過自己的雙親度過這樣的階段），就愈發覺極端的老化即緩緩邁向死亡。即將死亡的老人睡眠日益沉重，直到有一天遁入一睡不醒的夢鄉。他們逐漸遲滯，直到有一刻只能任人擺弄，要坐要躺，身不由己。他們和UM006的共同點，並不會少於我們和他們的共同點。

我發現在亡者身旁比在臨終者旁來得自在。它們不再受苦，無懼死亡。沒有尷尬的沉默，不著邊際的對話和無謂的逃避。它們並不令人畏懼。比起母親生前我們一起共度的無數個痛苦時辰，她過世後我和她相處的半個小時更是種解脫。並非我寧願她早點解脫，但那確實容易多了。一旦你習慣屍體的存在（通常習慣得很快），妳會發覺它們出乎意料地隨和。

這樣才好，因為此時只有它和我。梅森在隔壁房裡，馬爾斯去找其他東西了。UM006從前是個結實的大個子，嗯，現在也是。他的緊身褲上有些微的髒汙。舞衣下可看出他凹凸不平、陷落的軀幹。他像個衰老的超級英雄，不願煩心清洗服裝。他的手掌用和頭罩一樣的棉布遮蓋，這可能是為了去人性化，就像解剖室屍體被包紮起來的手一般。但是對我而言卻有反效果，那使他看來像嬰孩般脆弱無助。

十分鐘過去了。和屍體共處一室和獨自身處房內僅有一線之隔。它們和地鐵中坐在對面或是機場等候室中的乘客沒有兩樣，它們在那裡，可是形同隱身。你不斷地斜睨著它們，因為周遭沒別的事物會比他們更吸引人，但是隨後你又會為了無禮的注視感到不好意思。

馬爾斯回來了。她正檢查她費了九牛二虎之力裝置在屍體外部骨頭上如肩胛骨、鎖骨、椎骨、胸骨和頭骨的加速度器。藉著測量身體在衝擊下的加速情形，這些裝置讓你得知以重力（gravities）計算的衝撞力量。實驗後，馬爾斯會解剖檢驗肩部，並將特定速度造成的損傷歸類。她所要追蹤的是創傷極限和所需的力量；這些資訊將有助於側面衝擊假人（side-impact dummy）肩部裝置的發展。

側面衝擊意外常發生於十字路口。尤其是沒有任何一方遵循交通號誌，看到暫停標誌該停而未停，兩輛車便以九十度直角相撞，保險桿直接撞上車門。固定肩膀及大腿的安全帶和儀表板安全氣囊在正面衝撞時，會被啟動以抵抗向前衝的力量；但在側面重擊的車禍中，它們沒有多大功效。這種車禍極具殺傷力，因為側撞不像後撞，沒有引擎、後車廂或後座來吸收衝擊力，[3]只有五至七公分厚的金屬門。這也是為什麼側面安全氣囊遲遲未上市的原因。沒有可折損凸起的引擎蓋當緩衝，氣囊偵測器必須對即時的衝擊產生反應，而舊式偵測器無法達到此標準。

馬爾斯知之甚詳，因為她曾是福特汽車的設計工程師，而且一九九八年出產的林肯高級轎車的側面安全氣囊就是由她裝設。她看起來不像工程師，擁有雜誌模特兒般的肌膚、開朗白皙燦爛的笑容和一頭濃密閃亮，在腦後梳成蓬鬆馬尾的棕髮。如果茱莉亞・羅勃茲（Julia Roberts）和珊卓・布拉克（Sandra Bullock）一起生了個女孩，那就是她了。

在UM006之前的實驗屍體被以更高的速度衝撞：每小時二十五公里（這種速度，如果是在真正的側面撞擊意外中，由乘客座側門吸收一部分的衝擊力量後，約等同被時速四十到五十公里的行進車輛衝撞），其衝擊力撞斷了它的鎖骨和肩胛骨，並使五根肋骨斷碎。肋骨比一般想像的更為重要。呼吸時，你不只需要移動橫膈膜把空氣充進肺部，也需要肋骨周圍的肌肉和肋骨本身。如果肋骨完全斷裂，胸廓便無法幫助肺部膨脹，造成呼吸困難。這種情形稱作「連枷胸」（flail chest），可能導致死亡。

連枷胸是另外一項使得側面撞擊兇險加倍的原因：肋骨側面更容易折斷。胸廓的構造本是為了承受正面、由椎骨到脊椎的壓力，即呼吸時胸廓的律動方向。（壓迫到某個程度雖然沒有問題，但壓迫過頭，你的心臟就會如胡可所說，「裂成兩瓣，好像切梨子一般。」）胸廓的構造不足以因應側面撞擊。從側面重擊，肋骨末端會一下就折斷。

梅森還在忙前置工作。馬爾斯專注在加速度器上。通常加速度器以螺絲栓緊固定，可是如果將它們栓進骨頭中的話，骨頭會被弱化，在撞擊中更容易碎裂。因此她以鐵絲取代，將加速度器繫在骨頭上，然後在下方嵌進楔形木條固定接合處。她工作時，不時把剪下的鐵絲放進屍體戴著手套的手，好似它是個外科護士。這也是UM006幫得上忙的地方。

我們三人一邊聽著收音機，一邊閒聊，整個房裡洋溢著夜闌人靜的氣氛。我發現自己暗忖，UM006有人陪伴真好。再也沒有比當具屍體更孤寂了。在實驗室裡，它是計畫的一部分，群體的一部分，眾人的焦點。當然這是無稽的想法，因為UM006是堆組織和骨頭，它感受不到孤獨，就像馬爾斯在它鎖骨旁的肌肉探測觸碰，它毫無所知。但這就是我當下的念頭。

已經過了九點了。UM006開始釋放出一絲類似野味的氣味，就像炎熱下午屠宰店中溫和但揮之不去的腥臭。「它在處於常溫多久後會開始……」馬爾斯等我說完句子。「……改變？」她說大概半天左右。她看起來疲憊不堪。鐵線不夠緊，快乾強力膠一點也不強力。長夜漫漫，還有得熬。

嘉福納喊著樓上有披薩可吃，而我們三人，馬爾斯、梅森和我拋下屍體。感覺上有些不禮貌。

在上樓的同時，我問馬爾斯她是怎樣開始和屍體共事。「喔，我向來就想要從事屍體研究，」她說，語氣裡帶著相同的熱誠、懇切，就像那些說著「我一向以考古學為志」或是「我一直夢想住在海邊」的人。

「嘉福納振奮極了。因為沒有人想要碰屍體研究。」到了她的辦公室裡，她從抽屜中拿出一瓶名為「歡沁」的香水。「這樣我可以聞些別的味道。」她解釋，同時也答應要找給我些報告，當她轉身尋找文件時，我往她桌上堆疊的照片瞄了一眼。不消幾秒鐘，我就將眼神移開。這些是前一具屍體肩部解剖的特寫照：猩紅綻裂的皮膚。梅森垂眼看了那堆照片。「這些不是妳度假的照片吧？」

時間是十一點半，剩下的工作就是將UM006擺設成駕駛姿勢。它跌坐在那裡，身軀傾向一邊。它是飛機上坐在你身旁的傢伙，睡沉了，幾乎要靠到你的肩膀上了。

嘉福納從腳踝抓住屍體，然後向屍體方向施力，想辦法讓它在座位上直起身來。他向後退。屍體又向他滑倒過來。他又推了它一把。這次他抱扶著屍體，讓梅森以管線膠帶環繞UM006的膝蓋和整個駕駛座的周圍。「這也許不會被列入膠帶的『一百零一種用途』。」梅森發表意見。

「它的頭部姿勢不對。」嘉福納說：「要直視前方。」管線膠帶又派上用場。收音機傳來樂團「浪漫者」(The Romantics)的〈That's What I Like About You〉。

「又傾斜了。」

「要不要試試絞盤？」馬爾斯將帆布帶子圈繞在它手臂下，然後按下按鈕使裝於天花板的絞盤發動機上升。屍體肩頭聳立，不疾不徐，然後暫停不動，像個波希特地區的喜劇演員（譯註：波希特區〔Borscht Belt〕，美國五〇年代許多猶太裔喜劇演員崛起之處，位於卡茨吉爾山區〔Catskill〕，是大部分由猶太人經營的度假旅館聖地。波希特之名源自旅館中富盛名的俄式牛肉湯〔borscht〕。）它從座位上稍提起身，又下降些，現在坐得挺直多了。「太好了，完美！」嘉福納說。

每個人都倒退了一步。UM006自有它喜劇的天賦。它等了一拍、兩拍，然後又向前一傾。這讓人忍俊不住。此情此景的荒謬，這般昏昏沉沉的夜晚，都讓人不得不覺得好笑。馬爾斯拿了幾片海綿來支撐它的背部，好像解決了問題。

梅森再次確保所有的裝置連接。這時收音機傳來——這可不是我隨意捏造的喔——〈用盡全力打擊我〉(Hit Me with Best Shot，譯註：美國搖滾歌手佩特．班娜塔〔Pat Banatar〕於一九八〇年的暢銷曲）。五分鐘過去了。梅森啟動活塞。雖然衝擊力本身是無聲的，但臺車發射時產生轟然巨響。UM006應聲倒地，不像好萊塢電影中的惡棍中槍，而是從容不迫、像個失衡倒下的洗衣店大布袋。它跌落在刻意安排的海綿墊上，嘉福納和馬爾斯跨步向前將它穩定。就是這樣。沒有煞車時輪胎摩擦的尖銳、凹曲毀損的金屬，衝擊一點也不顯得暴戾，也不特別使人不安。經由提煉只剩精髓，在控制和計畫下這僅僅是科學，沒有悲劇的傷感。

UM006的家屬對今晚發生的事毫不知情。他們只知道遺體捐作醫療教學或研究用途。這樣的保密有許多原因。當一個人或其家屬決定將遺體捐出時，沒有人能得知遺體的作用，連送至哪一所大學都不知道。遺體被送往接受捐贈的大學停屍部門，但也有可能會被運往另一間學校。UM006就是如此。

家屬要完全掌握至親遺體的下落，只能由研究人員告知，這個時間點是在研究人員接收遺體（或是部分肢體）後、實驗開始之前。在委員會的審查下，這種告知有時候得以成立。接受國家公路交通安全委員會資助的車輛衝擊研究人員，在尚未釐清遺體捐贈同意書中是否包含衝擊測試這一項時，必須在實驗正式進行前聯絡家屬。根據國家公路交通安全委員會生物機械研究中心的負責人艾賓傑（Rolf Eppinger）的說法，家屬撤回同意書的情形甚少。

我與華許（Mike Walsh）談過，他任職於公路交通安全委員會主要的承包商「卡爾斯班」（Calspan）。華許必須在遺體抵達時立即聯繫家屬開會，愈快愈好，因為未經防腐的遺體在死亡後一、二日內極易腐爛。你會以為，身為這些研究的主要調查員，華許會將這項教人吃不消的任務委派給他人，但是他寧願親自執行。他告訴家屬遺體的用途和原因。「整個計畫都要解釋。有些研究是臺車衝擊測試，有些是行人衝擊測試，[4]有些遺體會被安排在即將全毀的車輛中。」顯然華許十分在行。在四十二件聯絡家屬的個案中，只有兩家撤銷同意書，並非因為特定研究本身，而是因為家屬以為遺體的器官會被捐贈。

我問華許是否有任何家屬要求閱讀出版後的研究報告。答案是沒有。「老實說，家屬總讓我們有透露過多資訊的感覺。」

在英國和其他大英國協的國家，研究人員和解剖指導員為避免家屬或大眾的反對，已改用局部肢體和標本（解剖室中防腐後的屍體部位），而不再使用完整屍體。英國的反動物解剖分子，也就是動物權益運動代言人，和美國的社會運動分子一樣暢所欲言，會激怒他們的事件範圍更大，而且我敢說荒謬的程度有過之而無不及。在此稍微讓大家有個譜：一九一六年時，一群動物權益激進分子成功向英國葬儀社聯盟請願，為拉靈車的馬匹陳情，呼籲殯葬業者不要再以羽毛裝飾馬兒頭部。

英國調查員深知屠夫奉行的原則：如果你要人們坦然接受死屍，就把它們分割切碎。一副乳牛屍骸令人反胃，一片胸肉卻成了晚餐。一條人腿沒有臉龐，沒有眼睛，沒有曾經懷抱嬰兒或輕撫愛人臉頰的雙手。要將它與原本活生生的人聯想在一起，實在困難。身體局部的匿名性讓研究屍體時易於產生抽離感：這不是一個人，這只是組織，沒有感覺，也沒有人對它有感情。在它身上作實驗沒有大礙，但若是個有感知的「人」，那不啻是場折磨。

讓我們冷靜思考一下為什麼有人能接受拿桌上型鋸子將爺爺的大腿鋸下，包裝穩當後送至實驗室，再掛上鉤子，以模擬的車輛保險桿撞擊，卻堅決不肯使用完整的屍體呢？一開始就將大腿鋸下就是尊重的作法？就比較不那麼令人嫌惡嗎？在一九〇一年，法國外科醫師拉福（René Le Fort）致力於鑽研直接撞擊對顏面骨骼產生的影響。《拉福的顎骨臉頰作品》（*The Maxillo-Facial Works of René Le Fort*）中有一段對實驗的描述，提到他有時候會將頭部切下，「斬首後，頭顱被使勁擲向大理石桌的圓桌角……，」其他的時候他將頭部留在軀體上，「整具屍體側臥……頭顱從桌邊向後仰。接著他以木棍重擊右邊的上顎……」什麼樣的人可以拒斥後者的不人道，但又問心無愧地開釋前者的粗暴呢？到底就倫理和美感而言，有什麼差異？

再說，從生物力學的逼真性來看，使用全副屍體更符合需求。擺放在支柱臺上的肩膀被衝擊器撞擊後，和接連在軀幹上的肩膀反應、受傷程度皆有出入。當這個社會允許放在支撐架上的肩膀取得駕駛執照時，研究它們才說得過去。不過即使像「人類胃部在撐破前可以容納多少食物？」這樣的科學探究看似直接了當，在大費周章後也顯得有點多此一舉。一八九一年，孜孜不倦的德國醫師基－阿博格（Key-Aberg）重新主持六年前的一項法國實驗，當時單獨被取出的人胃不斷被填充，直到爆裂為止。基－阿博格與其法國前輩實驗方式的不同在於他將胃部留在人體內。他想必認為這樣的作法比較貼近享用豐盛美食的真實情況，畢竟我們鮮少看到來去自如的人胃穿梭晚宴中。為了達成這個目的，他將屍體以坐姿擺置似乎有其道理。不過在這裡，主事者對生物力學準確性的要求證明是徒然的。根據一九七九年《美國外科期刊》（*American Journal of Surgery*）報導，無論單獨取出或是處於完整人體裡，人胃頂多能填充四公升的物質。[5]

當然有很多時候研究者不需要整具屍體，一部分已經足夠。要發展新技術或人工關節的整形醫生會使用四肢，而非完整屍體。產品安全測試研究員也一樣。假設你需要查證某廠牌的窗戶夾到手指的後果，你不需要完整屍體就可獲得解答。你需要的就是幾根手指。你不需要完整屍體來驗證軟軟的球是否對小聯盟球員的眼部傷害較低。你只需要將眼睛鑲在透明塑膠製的模擬眼窩中，並以高速攝影機記錄棒球擊中眼睛時的變化。[6]

事情是這樣的：沒有人真心希望和一整具屍體共事。除非研究者迫不得已，不然他們不會輕易嘗試。克瑞斯（Tyler Kress）於田納西大學創傷與傷害預防工程研究所，主持運動生物力學實驗室。在一項船外馬達風葉安全架實驗中，他寧願大費周章尋找人造球窩臀部關節，並以手術接合劑黏接屍體腿部，再把腿部和臀部關節的綜合體黏接到撞擊測試假人的軀幹上，也不用全副屍體模擬游泳者的狀態。

克瑞斯說並非輿論的批評使他卻步，而是實際考量。「和一隻腿工作，」他告訴我：「容易太多了。」一部分肢體易於舉起、操縱，在冷凍庫中也比較不占空間。克瑞斯幾乎和所有的人體部位都共事過：有頭顱、脊椎、脛骨、手部、手指。「大部分的時候是腿部，」他說。去年他把整個夏天都花在挫傷、斷裂腳踝的生物力學上。今年夏天他和同事正在進行由儀器控制的腿部掉落測試，以觀察垂直掉落時產生的各種創傷，這類意外經常發生在山區自行車選手或滑雪板選手的身上。「我敢跟妳打賭，妳再也找不到比我們摔斷更多腿的人了。」

在一封電子郵件中，我問了克瑞斯是否曾替屍體的胯下罩上運動員護襠，然後以棒球、曲棍球橡皮圓盤或是其他東西瞄準射擊。他回信說沒有，他也不知道是否有其他的運動傷害研究員做過類似實驗。「妳會以為……這類『折磨』，也就是陰囊衝擊，會具有高度的研究優先性，但我想沒有人自願參與這種實驗。」

但這並不表示科學家不會偶一為之。我到當地醫學院圖書館，以關鍵字「屍體」和「陰莖」搜尋美國國家醫學圖書館資料庫裡的相關期刊文章。查尋時我將電腦螢幕推到書桌隔間的最裡邊，以免坐在我身旁的讀者瞥見起疑，去和圖書館員告狀。我瀏覽了二十五筆資料，大部分都是解剖學上的檢驗。有個西雅圖的泌尿科醫生，曾研究沿著陰莖背部分布的神經（共用了二十八具屍體的陰莖）。[7]有法國解剖學家將紅色液狀乳膠注射進陰莖的動脈中，研究脈管的流動（使用了二十具屍體的陰莖）。有比利時人計算陰莖勃起時對坐骨海棉體肌硬度的影響（實驗耗掉三十具屍體的陰莖）。過去二十年中，世界各地身著白袍、腳踏吱嘎吱嘎作響鞋子的研究人員已能從容、有條不紊地在眾人迴避之處下刀。相形之下，克瑞斯像顆弱不禁風的泡芙。

至於另一個性別那邊，在美國國家醫學圖書館資料庫檢索「陰核」和「屍體」，只出現一筆資料。《尿道和陰核間的解剖關聯》（*Anatomical Relationship Between Urethra and Clitoris*）（有十具屍體的陰核參與）的作者澳洲泌尿學家歐康諾（Helen O'Connell），為女性解剖研究的差別待遇打抱不平：「現代解剖文獻，」她寫道：「將女性會陰的解剖描述，簡化成男性解剖的附屬。」

我想像歐康諾像個研究室中的葛洛莉亞・史坦能（Gloria Steinem，譯註：女權運動健將，著有

《內在革命》〔*Revolution from Within*〕），是個身罩實驗袍、行動矯捷的全能女性主義者。她也是我不經意找到的第一位研究嬰兒屍體的科學家。（她之所以進行這項實驗，是因為類似的男性勃起組織研究，過去曾在嬰兒身上實驗過，但原因為何則沒有多加解釋。）她在報告中註明，她的研究通過皇家墨爾本醫院（Royal Melbourne Hospital）病理學和醫學研究委員會倫理上的認可，雖然明知嗜血、陰魂不散的媒體可能生吞活剝地加以批判，但院方顯然不將這點列入他們行事的考量之一。

註釋

1 其他和X光攝影機相關的新鮮事：在康乃爾大學，生物機械研究員凱莉（Diane Kelly）以X光錄下實驗室老鼠交配的過程，以瞭解陰莖骨的可能作用。人類並沒有陰莖骨，而且根據作者的瞭解，亦沒有被X光攝影機錄下性交畫面的紀錄。不過呢，人類卻有在核磁共振影像（MRI）機器裡做愛的紀錄，是由荷蘭格羅寧根教學醫院（University Hospital in Groningen）熱愛嬉鬧的生理學家所拍攝。研究結論說明在「傳教士」性交姿勢中，陰莖「出現像回力棒一樣的形狀」。

2 從安全角度來看，如果完全省略方向盤，而像「求生車」在駕駛座兩側裝設舵把的話，會理想多了。「求生車」是由利保相互保險公司（Liberty Mutual Insurance Company）所打造的旅行車樣品，用來向全世界說明如何生產救人一命的車輛（還有減低保險公司理賠給付）。其他有遠見的設計包括面向後方的前座，這項發明和方向「舵」異曲同工。六〇年代，安全第一並不能刺激消費，時不時髦才重要，所以求生車沒有成功改變世界。

3 這就是為什麼你不該為了坐在沒有肩部安全帶的後座中間傷神。如果側面衝撞發生，你離車門愈遠愈好。你身旁的好心人，那些繫著肩部安全帶的乘客，會替你吸收衝擊力。

4 讓我引述史戴普汽車衝擊會議中對此議題的研究，「行人不是被車子『輾過』。他們是被車子『拋起』。」情況通常如下：保險桿撞上小腿，引擎蓋前方撞上臀部，腿部下方被撞斷，整個人翻成頭下腳上，然後頭部著地，或是胸部撞擊引擎蓋或擋風玻璃。視速度造成的衝擊力而定，行人可能會繼續翻筋斗，腿部又翻至頭部上方，然後平墜在車頂，接著滑落到地面。他也有可能停留在引擎蓋上，頭部穿過碎裂的擋風玻璃。這時駕駛應該呼叫救護車，除非他像堪薩斯州沃爾斯堡（Fort Worth）的護士助理瑪拉（Chante Mallard）。她在車禍發生後繼續行駛回到家中，並涉嫌將車子留在車庫內，任由受害人頭部卡在擋風玻璃上，直到失血過多身亡。這起案例發生在二〇〇一年的十月。瑪拉被逮捕，並以謀殺罪名起訴。

5 一如美食金氏世界紀錄迷所料，這個紀錄早已被打破好幾次。有些胃因為遺傳或是日積月累以美食餵食，比一般的胃更為寬敞。奧森・威爾斯（Orson Wells）就有這樣一個胃。洛杉磯「粉紅熱狗攤」的老闆證實，這位食量驚人的導演曾入座並吞了十八份熱狗。

而永久的紀錄保持人應該是位二十三歲的倫敦時裝模特兒。據一九八五年四月的《刺胳針》醫學期刊記載，在她最後的晚餐中，這位年輕女子居然有辦法嚥下十九磅的食物：一磅肝臟、兩磅腎臟、半磅牛排、一磅起司、兩顆雞蛋、兩片厚麵包、一朵花椰菜、十顆桃子、四顆梨子、兩顆蘋果、四根香蕉；李子、紅蘿蔔、葡萄各兩磅、兩杯牛奶。她的胃當下破裂。她也因此喪命。（人類腸胃道是數不盡細菌的滋生處，一旦它們脫離臭氣熏天、曲折如迷宮的住所，就會引起大規模且往往足以致命的感染。）

屈居於亞軍的是三十一歲的佛羅里達心理學家，她被發現慘死在廚房中。戴德（Dade）郡醫學檢驗人員的報告詳列這份致命的餐點：「八點七公升粗略咀嚼、未經消化的熱狗、花椰菜和玉米片漂浮在冒泡的綠色液體中。」綠色液體的身分至今成謎，如同熱狗廣受現代狼吞虎嚥飲食者歡迎的原因一樣，懸而未解。

6 這個議題曾經在眼科學的冷門領域引起激烈辯論。有些人認為如果將棒球軟化，它們在衝擊時會變形，更易刺穿、深陷於眼窩，反而造成更嚴重的傷害。但是在塔夫茲大學醫學院（Tufts University

School of Medicine）的視力性能和安全服務中心（Vision Performance and Safety Service），研究人員發現軟棒球確實貫穿得更深，但不會造成更大的傷害。要再造成更大的傷害其實並不容易，因為硬球就已經能讓眼睛「自角膜到視神經裂開，眼窩內的物質幾乎全被壓擠外溢」。我們希望業餘運動用品製造商有讀到一九九九年三月《眼科學文獻》（*Archives of Ophthalmology*），並適時調整他們生產的棒球的軟硬度。無論如何，保護小聯盟球員的眼睛都是很棒的主意。

7

這結合了活人和死人的共同努力，雖然死者的遭遇稍差：在解剖屍體陰莖之後，「十位健康男子」同意接受陰莖背部神經的電刺激，以驗證實驗結果。這道程序，即如同健康男子習慣接受的那樣。

5 黑盒子以外的祕密

乘客遺體會說話

夏納翰（Dennis Shanahan）在他與妻子默琳共居的二樓，弄了一間寬敞的工作套房。他們住在離加州卡爾斯巴市（Carlsbad）中心東方十分鐘路程的社區。辦公室安靜，陽光充足，讓人完全感覺不出裡面正在進行的工作性質悚慄。夏納翰是創傷分析員。大部分時候他分析的是活人身上的傷口和斷裂。當消費者拿可疑的理由控告車商時（「安全帶斷掉了」、「我當時沒有在開車」諸如此類的宣稱），他提供車廠專業意見，只要稍微檢查傷部，站不住腳的指控馬上就可以被反駁。然而他的研究不時擴及死屍。像環球航空公司一九九六年失事的八〇〇次班機就是這樣的一件案例。

一九九六年七月十七日八〇〇次班機從甘迺迪國際機場起飛，目的地是巴黎，卻在紐約東莫里奇斯（East Moriches）大西洋外海爆炸。目擊證人說辭相互矛盾。有些宣稱他們目擊飛彈擊中飛機。在尋回的飛機殘骸中有爆炸的痕跡，但是並無炸彈的金屬痕跡殘留。（稍後嗅探犬在作訓練時，發現爆炸物早在墜機前就已藏匿在飛機中。）陰謀論頓時四起。調查就在無法回答人們疑問的情況下延宕：到底是什麼，或是誰，使八〇〇次班機從天空墜落？

在墜機數日內，夏納翰飛往紐約探視死者的屍體，希望從中獲得線索。去年春天，我飛到加州卡爾斯巴市探視夏納翰。我想知道在科學上和情感上，一個人如何從事這項工作。

我還有滿腹疑惑想請他解答。夏納翰深知惡夢背後的真相，他對不同墜機類型中罹難者的種種死傷和猙獰的醫學細節瞭如指掌。他知道罹難者典型的死亡方式，例如他們當時是否察覺到發生了空難，或是低空墜機時如何增加自己生還的機會等。我告訴他我只會占用一小時的時間，結果一待就是五個鐘頭。

墜毀的飛機通常會自己將事故因果娓娓道來。有時直截了當，飛機駕駛艙中的錄音對話即可揭露；有時候則間接從墜毀機體的分裂、焦痕印證來暗示。但是，當一架飛機墜入海中，事故的全貌便開始支離破碎。如果海域特別深，海流快速又混亂，黑盒子可能從此不見蹤跡，也可能無法打撈回足夠的墜落機身，來精確判斷最後幾分鐘究竟發生了什麼事。當這樣的情形出現時，調查員轉而求助於航空病理學家教科書中所謂的「人體殘骸」：乘客的屍體。因為屍體會浮到水面，不像機翼或機身碎片。而藉由解讀受害人的傷口——類型、嚴重度、出現在身體的哪一面等——創傷分析員開始將事件的駭人真貌拼湊現形。

當我抵達機場時，夏納翰已經在那兒守候。他穿著一件卡其休閒褲，短袖襯衫，掛著鏡框類似飛行員護目鏡的眼鏡。他的頭髮中分，俐落地順著兩側落下，幾乎像頂假髮，不過並非如此。他沉穩有禮，讓人初見面便產生好感。他讓我想起我的藥劑師麥可。

他完全不符合我原本勾勒的形象。我想像的是板著面孔、對死屍見怪不怪、滿嘴「四字箴言」的男人。我原本盤算能在墜機現場實地採訪。我後來得知夏納翰並不參與驗屍，在那之前，我滿腦子還想像著我們會前往臨時挪用為停屍間的小鎮舞廳或高中體育館內，他穿著髒汙的實驗袍，而我則手持筆記本。這項工作其實由來自附近郡停屍間的驗屍官負責。雖然夏納翰必須親自作現場勘查，而且為了特定原因常須檢驗屍體，但他大多只讀驗屍報告，並將這些報告和機艙座位表比對，指認大量的創傷證據。他解釋，要和他一起造訪失事現場可能要等上數年，因為大部分的失事原因顯而易見，根本不需要屍體的貢獻。

當我得知墜機現場的報導落空，難掩失望，他交給我一本名為《航空病理學》（*Aerospace Pathology*）的書，向我保證裡頭有我似曾相識的照片。我翻開書，跳到〈屍體分布〉這一章。在墜落的飛機殘骸略圖中，小黑點散布其中，引導線將視線從黑點拉到旁邊的註解：「棕色皮鞋」、「副駕駛」、「脊椎碎片」、「空服員」。我翻到描述夏納翰工作的章節〈致命航空意外的創傷模式〉，裡面的文字說明提醒調查員相關的事項，比如「極高溫可能會造成頭蓋骨內部的蒸氣，引發顱頂爆裂，類似衝擊造成的創傷」。待我讀到這裡時，我瞭解到，附帶說明的小黑點已是我與墜機現場人體殘骸接觸的極限。

在環航八〇〇次班機的案例中，夏納翰追尋炸彈爆發的路線。他必須分析受難者的傷勢，尋找機艙內爆炸的證據。如果找到蛛絲馬跡，他就要試著找出機艙內炸彈精確的放置定點。他從檔案櫃的抽屜中拿出一份厚實的檔案夾，然後抽出小組報告。這是件大宗航空客運公司的墜機事件，所有事後的混亂和死傷皆在量化後現出輪廓，數字、圖表、柱狀圖將事件的慘絕人寰轉化為可在美國國家運輸安全局（National Transportation Safety Board）早餐會中一邊啜飲咖啡、一邊討論的數據。「四．一九：右側創傷為主／左側罹難者脫離座位。四．二八：股骨幹中段破裂和前身水平座位框架受損。」我問夏納翰，這些統計數字和冰冷的文句是否如我所猜測的，能幫助在調查時對於人世悲劇保持必要的情感疏離。他低頭看了一眼放在八〇〇次班機檔案上的交叉雙手。

「默琳會告訴妳我面對八〇〇次班機時情緒陰晴不定。情感上實在受創太深，尤其是飛機上載了那麼多青少年。一所高中的法文社員原本要去巴黎。還有年輕的夫妻。我們只能以冷酷的心態處理。」夏納翰說這種情緒在事故調查時並不常見。「你會希望自己不要介入太深，所以開開玩笑和保持輕鬆的心情並不為過。但是這次不然。」

對夏納翰來說，調查八〇〇次班機最困難的地方莫過於屍體的完整性。「完整屍體所造成的困擾，遠超過肢離破碎，」他說。這超乎我們的想像。目擊或適應那些斷手、斷腿、血肉殘片，夏納翰反而較能泰然處之。「那樣的話，只不過是組織罷了。只需要把自己武裝起來，做該做的事。」它讓人顫慄，但不哀傷。你可以逐漸適應血肉模糊，但面對粉碎夭折的生命，你沒有辦法自欺欺人。夏納翰實踐的就是病理學家行之久遠的策略。「他們專注在部位上，而不是人本身。驗屍時，他們會描述眼睛，然後是嘴巴。你不會向後邁開一步說：『這是四個孩子的父親。』只有這樣才能在情緒上存活。」

反諷的是，屍體的完整性是判斷炸彈是否引爆最有利的線索。我們讀到報告的第十六頁，標題是「四．七：屍體分裂」。「鄰近引爆點的乘客會粉身碎骨。」夏納翰輕聲告訴我。他談論這些事情的態度既不流於自以為是的婉轉言詞，也不會局限於硬生生的圖表文字。如果八〇〇次班機的機艙中果真有炸彈，夏納翰肯定會根據緊鄰爆炸點的座位分布，發現群眾的「高度斷裂屍體」。事實上，絕大多數的屍體基本上是完好的。將它們身體的斷裂程度標示出來，可迅速獲得證實。為了減輕像夏納翰這樣的調查員的負擔，並在大批報告中加速分析，驗屍人員通常使用顏色代碼。比如說在八〇〇次班機上，乘客若不是綠色（屍體完整）、黃色（頭顱破碎或喪失四肢其中之一）、藍色（喪失四肢其中兩處，無論頭顱有沒有破碎），就是紅色（喪失三處或三處以上肢體，軀幹完全截斷）。

另一種判斷炸彈是否引爆的方式，就是找出嵌在屍體內的「異物」數量和軌道。這些可由X光片看出，是墜機驗屍的例行公事。炸彈爆炸時會將本身的碎片和鄰近物品穿射進周遭乘客的體內；比對個別屍體的痕跡與其他屍體，可以讓人對炸彈是否引爆以及引爆地點有進一步的瞭解。如果是在面對機首右側的洗手間引爆，面對洗手間的乘客，身體前半部就會帶有許多碎裂物。坐在隔壁走道的乘客的傷口則會出現在右側軀體。就如夏納翰所料，沒有提供確切證據的痕跡出現。

夏納翰於是轉向一些屍體呈現的化學燒傷。這些燒痕加深了飛彈穿射撕裂機艙的可能性。一般說來，墜機中出現的化學燒傷確實是因為和高度腐蝕性的燃料接觸而產生，但是夏納翰懷疑這些焦痕在飛機墜於水中後才出現。溢出的噴射引擎燃料漂在水面，正面朝上的漂浮屍體背部因此被燒灼，但正面依然完好。夏納翰檢查後發現，所有從水面尋回的「漂浮者」遺體，身上都有化學燒傷，而且都在背部。果不其然，如果真的有飛彈炸穿機艙，燃料造成的燒傷會遍布乘客的正面和側邊，視他們座位的分布而定，但不會出現在背部，因為椅背會提供保護。依然沒有飛彈的證據。

夏納翰又檢視由火造成的燒傷。這有模式可尋。藉由觀察燒傷的出處——多半在身體的半部——他能夠追蹤大火肆虐機艙的路線。接著他查閱乘客座椅燒焦程度的資料。座椅燒灼嚴重程度遠不及人體本身，夏納翰因此推斷乘客是從座位被拋出，在火勢蔓延幾秒鐘內就被摔出機艙。有關當局開始懷疑機翼燃料箱曾經炸爆。爆炸本身離乘客的距離不足以撕裂人體，但對機身造成的損害足以使飛機解體，以致於乘客全數被拋出。

我問夏納翰，為什麼繫著安全帶一樣會脫離機艙？他答道，一旦飛機開始分解，便會有巨大的力量加入。不似炸彈瞬間的爆炸力，這些力量通常不會撕裂人體，但是力道足以猛然將旅客扯出他們的座位。「這是一小時飛行三百哩的飛機，」夏納翰說：「當它解體時，空氣力學的承載力突然消失，引擎仍在提供衝力，但機身已經失衡。它經過恐怖的不斷翻轉。機身分解，要不了五、六秒鐘，整架飛機已經肢解。我的理論是飛機急速解體，機艙座位潰散，乘客從束縛系統脫離。」

八〇〇次班機的損傷符合夏納翰的理論：乘客大多受到重度的內部創傷（massive internal trauma），依夏納翰的專業術語，就是「極端水衝擊」(extreme water impact)。墜落的人體擊中水面時便突然停止，可是體內的器官在不到一秒的時間內繼續下衝，直到它們撞上體腔壁而反彈。大動脈通常會破裂，因為它有一部分與體腔接連，會立刻靜止，但是另外一邊，最靠近心臟的部分則在體腔內擺盪，稍後才停止；兩個部分最後朝相反方向行進，產生的切力／剪力（shear forces）使血管斷裂。失事班機中七三%的旅客皆有嚴重的大動脈撕裂。

另外一項可靠的判斷準則是當身體自高空落下重擊水面時，肋骨會斷裂。前任民間航空醫學研究所（Civil Aeromedical Institute）研究員史耐德（Richard Snyder）和斯諾（Clyde Snow）已詳細整理出這項證據的相關資料。一九六八年，史耐德檢視過自金門大橋躍下的一百六十九個人的驗屍報告。八五%出現斷裂肋骨，而僅有十五%浮出水面時有脊椎骨折，三分之一有手臂和腿部骨折。肋骨斷裂對身體本身或其他部位傷害不大，但高速衝擊時它們變成尖銳的鋸齒狀武器，刺穿並切割肋骨下的器官：心臟、肺部、大動脈。史耐德和斯諾檢驗的案件中，有七六%肋骨皆刺穿肺部。失事班機的統計數字描繪出相同的情節：大部分的屍體呈現極端水衝擊下造成的內部創傷。全數屍體皆有胸部創傷，九九%肋骨有多重斷裂，八八%肺部裂傷，七三%大動脈損傷。

如果衝擊水面造成的殘酷撞擊是大多數乘客喪命的主因，這是否意味著在長達三分鐘的墜落過程中，他們仍然活著，並充分意識自身的處境呢？這也許是有可能的。「如果妳將『活著』定義為心臟跳動及呼吸。」夏納翰說：「那麼也許是有不少人活著。」有意義嗎？他不這樣認為：「我想機率微乎其微。座位和旅客都被拋轉，能感受到的就是天旋地轉。」夏納翰在訪問數百名飛機失事和車禍的生還者時，特意詢問他們的感覺和事發時的觀感。「我大概的結論就是，他們對於精神上嚴重的創傷並沒有多強烈的意識。我發現他們十分疏離。他們知道有許多事發生，但只會模糊地回答：『我知道發生了什麼事，可是又搞不清楚發生了什麼事。我並不特別覺得我身陷其中，但是我又覺得我是事件中的一分子。』」

由於八〇〇次班機分解時摔出機艙的乘客數目眾多，我懷疑他們到底有沒有可能生還——無論機會多渺茫。如果你墜入水中的方式能像奧運跳水選手，有沒有可能從高空墜機事件中存活呢？至少有過一件案例。一九六三年，我們的遠距墜落專家史耐德，轉而注意那些自致命高度跌落、卻死裡逃生的人。在〈自由落體下極端衝擊的人類存活率〉一文中，他報導有個男人從一萬一千公尺高的飛機摔落卻生還，雖然僅僅撐過了半日的時間。而這個可憐人並沒有福氣享受墜落水面的特殊待遇，他直接衝撞地面。（其實以這樣的高度來說，水面或地面並無差別。）史耐德從中發現，一個人撞擊的速度並無法有效預測其創傷程度。他訪問過悔婚落跑的新郎，發現他們從梯子摔下所承受的損害創傷，比從二十一公尺高樓撞擊水泥地的三十六歲自殺患者還要嚴重。後者只需要OK繃和諮商師，便好端端地走開了。

一般情況下，從飛機上摔落就等於最後一趟的飛行。根據史耐德的報告，人類以最安全的姿勢，也就是以腳朝下的方式墜入水中，能勉強存活的最高撞擊速度是每小時七十哩。考慮到墜落人體的終端速率是每小時一百二十哩，只須掉落一百五十公尺即可達到時速七十哩，你應該沒有辦法從炸毀飛機摔落、墜下八千公尺高度後，還活著接受夏納翰的訪問。

夏納翰對八〇〇次班機的診斷正確嗎？是的。一段時間過後，飛機關鍵性的殘骸逐漸被尋回，而失事的破碎機身印證了他的看法。最後定論是：磨損的配線產生火花，點燃氣體燃料，導致其中一個燃料箱爆炸而失事。

創傷分析這門令人坐立不安的科學始自一九五四年。當年有兩架英國彗星民航機（British Comet Airliners）離奇墜毀於海洋中。第一架於一月在厄爾巴島（Elba）上方消失，第二架在三個月後於那不勒斯海灣（Naples）失事。兩起墜機事件，因為海域過深，有關當局無法打撈足夠的殘骸，因此才向「醫學證據」尋求線索：透過尋回海面上的二十一具乘客屍體的創傷。

調查在位於法堡羅夫（Farnborough）的英國皇家空軍航空醫學學會（Royal Air Force Institute of Aviation Medicine）展開，由此機構的小組指揮官史都華（W. K. Stewart）會同英國航空公司醫療服務負責人哈洛．惠廷翰爵士（Sir Harold E. Whittingham）合作調查。既然哈洛爵士擁有最多學位——出版報告中列了五個頭銜，還不包括爵士的稱號——我基於禮數，將他視為調查小組的領導人。

哈洛爵士和他的組員對屍體創傷的一致性感到訝異。二十一具屍體顯現出的外傷相對較少，但內傷頗為嚴重，肺部傷害尤其猛烈。要造成如彗星飛機中遺體的肺部創傷，通常有三種可能情況：炸彈引爆、突然的減壓（如艙壓調節故障），還有從高空墜下。在這樣的飛機失事中，任其一種原因皆有可能是肇事主因。到目前為止，死者的出現並未解開空難的謎團。

炸彈是第一項被排除的原因。屍體沒有燒灼的跡象，亦無炸彈引發的榴彈式刺穿，而且正如夏納翰所說的，沒有高度破裂的屍體。是由瘋狂憤怒、滿腹怨懟、精通爆破的前任彗星員工放置炸彈的推測就此被推翻。

接下來，小組考慮的是客艙中突發的減壓。這有可能引發嚴重的肺傷嗎？為了求證，法堡羅夫小組徵召了一組天竺鼠，將牠們置於模擬的突然減壓情境中——從海平面到一萬公尺高。讓我引述哈洛爵士的話：「在變化中天竺鼠顯示出輕微的驚嚇，但未經歷呼吸上的不適。」從別的機構傳來的資料，無論是動物或人體實驗，都同樣顯示有害反應極少——這當然絕非在彗星飛機乘客身上看到的那種肺部損傷。

這使得「極端水衝擊」成為最後可能的死亡肇因。而據推測應該是機艙結構的缺陷引發了高空機艙分解，造成失事。由於史耐德〈極端水衝擊的致命創傷〉（Fatal Injuries Resulting from Extreme Water Impact）要再過十四年才問世，法堡羅夫小組只得再次以天竺鼠測試。哈洛爵士想要知道，肺部以終極速度衝擊水面時到底出現什麼反應。當我第一次讀到關於這些動物的敘述時，我想像哈洛爵士不辭辛勞，跋涉到多佛的懸崖，身後拖著裝滿天竺鼠的籠子，將這些不疑有他的小動物拋擲到下頭的海洋，他的同伴則手執漁網在下邊的小船中等候。

可是哈洛爵士比我更有概念；他和組員設計了一套「垂直彈射裝置」（vertical catapult），以便在短距離內達到實驗所需的衝擊力量。「以條狀膠帶將天竺鼠稍微固定在滑車（carrier）的下方，所以當滑車在衝程底端猛然煞車時，天竺鼠腹部朝上被彈出，在空中飛越約七十五公分才衝擊水面。」我當下就明白哈洛爵士小時候是什麼樣的德行。

長話短說，被垂直彈射出去的天竺鼠肺部看起來和彗星班機乘客的肺部相似。研究者因此總結飛機是在高空解體，多數旅客從艙內被拋擲出來。為了解決機身到底在何處解體的問題，他們觀察海面撈回的乘客是否裸身或仍有衣著覆體。哈洛爵士的理論是，從數公里高的空中跌下撞落水面時，衣物會被彈開，但是乘坐在大致完整的機尾中跌落海中則不然；他們藉著找出裸身屍體和著衣屍體間的分界線，推測出飛機解體的時間。因此在兩班航機中，那些經查證（檢視座位表）坐在飛機尾端的乘客，最後身著衣服懸浮於海面，而坐在機身某一點之前的乘客，則幾乎是赤身裸體的。

為了證明這項理論，哈洛爵士缺少最後一項關鍵性的資料：衣服真的是從飛機跌落、撞擊水面後才剝離的嗎？哈洛爵士胸懷先鋒風範，親自主持這次的研究。雖然我迫不及待想要再向各位詳述法堡羅夫小組的另一個天竺鼠實驗，理論上「小鼠們」在這個實驗中應穿上絨線織物和一九五〇年代的洋裝，但事實上，這次實驗並沒有齧齒類。小組請求英國皇家飛機航空局（Royal Aircraft Establishment）的協助，帶著一組著衣假人，在抵達巡航高度時將它們擲入海中。[1]如哈洛爵士所預期，它們的衣飾在衝擊下剝離，這個現象經馬林郡（Marin County）驗屍官艾力克森（Gary Erickson）證實，他檢驗過舊金山金門大橋自殺案件中的屍體：即使墜落高度只有八十公尺，他告訴我：「通常鞋子會彈開，鼠蹊部的褲襠部分會剝離，褲子後方的一兩個口袋也會不見。」

最後，足夠的彗星飛機殘骸被尋回，哈洛爵士的理論因此成立。結構上的缺陷確實是兩架班機在半空中解體的元兇。讓我們向哈洛爵士還有法堡羅夫的天竺鼠致敬。

夏納翰和我正在鄰近海灘的一處義大利餐廳用午餐。我們是唯一的一桌客人，這使得靜謐的氣氛和我們的對話顯得格格不入。當侍者欠身加滿水杯時，我總是瞬間住口，好像我們正討論些什麼國家機密，或是極端隱密的私人話題。夏納翰卻滿不在乎。當侍者花了好像一星期的時間在沙拉上頭加胡椒時，夏納翰正在說：「……使用扇蛤拖網將較小的屍塊撈回……」

我問夏納翰如何在知道他所知道的、看過他所看過的之後，還能踏進機艙一步。他指出大部分墜落的飛機並非從一萬公尺高空落下。絕大多數的意外發生在起飛或降落時，不是已經靠近地面，就是在地面上。八成到八成五的墜機事件中，乘客是有可能存活的。

這裡的關鍵字是「有可能」。這意味如果所有事情如美國聯邦航空總署（FAA）要求的機艙疏散模擬進行的話，你就能夠生還。聯邦法規要求飛機製造商能在九十秒內透過機上一半的緊急出口疏散所有的乘客。可惜的是，緊急疏散甚少按照模擬情境發生。「你去調查有乘客生還的空難，甚至不到一半的緊急出口是開啟的，」夏納翰說。「加上驚慌失措和慌亂的情緒，」夏納翰以發生在達拉斯的達美航空空難為例：「原本應該要有生還者的，也沒有發現多少創傷性損傷。但是許多人死於火災，他們發現成群旅客屍體堆積在逃生門前，打不開門。火災是空難中奪命的最大元兇。要引爆燃料箱或讓機身著火，不需要太多的衝擊力。乘客因為吸入燒炙空氣，或是座椅布套和絕緣體燃燒釋放出的有毒氣體而死亡。他們死亡，是因為腿部被擠壓進前座而斷裂，無法爬至逃生門；還有因為乘客在逃出燃燒的飛機時爭先恐後，逃竄、推擠、踐踏。」[2]

航空公司有沒有辦法改進飛機的防火設施呢？答案是肯定的。他們可以裝設更多逃生門，但是他們不肯，因為那代表減少座位、損失利潤。他們可以加裝自動滅火裝置，或是軍方直昇機使用的「防衝擊燃料系統」，可是他們不願意，因為這兩種選擇皆意味機身重量提升。而重量提升就會使燃料費提高。

是誰決定省錢比人命更重要的呢？顯然是聯邦航空管理局。問題在於大部分的航空安全改良評估是從成本效益的角度衡量。若將等式中「效益」的那一方數量化，挽救一條人命可以分配到一美元的經費。而據一九九一年都市組織（Urban Institute）的計算，你的生命大約值兩百七十萬美金，「這就是有人死亡時造成的社會影響所耗費的成本經濟價值。」與我談話的聯邦航空管理局官員谷帝（Van Goudy）說。當這數字已經遠超過原料的零售價值，其效益太低，不符航空公司的設計成本。谷帝以我先前詢問的肩部安全帶為例。「代理商會說：『好吧，如果你要裝設肩部安全帶，在未來的二十年救回十五條生命，那就得花兩百萬乘以十五的成本，三千萬。』航空公司於是回來告訴我們：『要裝肩部安全帶需要六億六千九百萬。』」就這樣，向肩部安全帶說拜拜。

為什麼聯邦航空管理局不回說：「沒錯，這是不可能的任務。不過你還是得裝？」這和政府花了十五年才開始要求裝設汽車安全氣囊是一樣的道理。規範機構沒有強制執行。「如果聯邦航空管理局打算公布一項規定，他們必須提供業界成本效益分析，送出去作評鑑。」夏納翰說：「如果業界不滿，他們就去找國會議員。如果你是波音公司，你在議會中舉足輕重。」[3]

聯邦航空管理局還是有功勞，代理商最近認可了新式的「無活性」系統，將富含氮氣的氣體打入燃料箱中，減少高度易燃的氧氣，進而降低如八〇〇次班機爆炸墜毀的可能性。

對於那些讀了本書之後，顧忌自己會不會有朝一日在緊急出口前被一堆屍體滅頂的讀者，我問夏納翰有無任何建議。他說這些都是常識，選擇靠近緊急逃生門的座位、姿態壓低、躲避熱和煙、閉氣愈久愈好，肺才不會熟透、吸進毒氣。夏納翰偏好窗邊座位，因為走道座位的乘客即使在輕微衝擊下，也可能因為頭頂行李箱的箱蓋被撞破，而被掉落物擊中。

等帳單時，我問夏納翰過去二十年只要他出席雞尾酒會，必定會被問到的問題：該坐在飛機前半部，還是後半部，比較容易存活呢？「這不一定。」他耐心地回答：「視不同的空難型態而定。」我重新提問，若讓他挑選，他會坐哪邊？

「頭等艙。」

註釋

1 也許你會像我一樣猜想，在自由墜落對人體影響的實驗中屍體是否曾派上用場呢？我能找到最接近的報告是一九六四年厄爾利（J. C. Earley）的〈人體終極速度〉（Body Terminal Velocity），還有一九六二年寇納（J. S. Cotner）的〈空氣阻力對墜落人體速度的影響分析〉（Analysis of Air Resistance Effects on the Velocity of Falling Human Bodies），可惜兩份報告皆未出版。我確實知道厄爾利其中一個研究用到假人，下標題時他將「假人」（Dummy）第一個英文字母以大寫標示，因此我懷疑有幾具捐贈遺體的確投身於墜落的實驗。

2 告訴你從空難中死裡逃生的祕訣：當個男人。在一九七〇年民間航空醫學委員會（Civil Aeromedical Institute）的研究中，有三起空難有緊急疏散，影響存活率最重要的因素就屬性別（緊接著的是距離逃生門的遠近）。成年男性是目前為止最有能力生還的族群。為什麼呢？想必是因為他們有力氣將其他的人都推開吧。

3 這絕對是今日飛機沒有安全氣囊的主因。信不信由你，確實有人設計出飛機安全氣囊系統，稱作「Airstop束縛系統」，結合腳下、座位下和胸部安全氣囊。聯邦航空管理局甚至還在一九六四年時，讓假人在DC-7中模擬墜毀於亞利桑那州鳳凰城，以測試系統的可行性。大腿緊繫安全帶的模擬假人猛烈彎曲，並失去頭部，有Airstop保護的假人則無大礙。設計師們是從二次世界大戰的戰鬥機駕駛在墜機前將救生衣充氣的設計中得到靈感。

6 替活人挨子彈？

子彈和炸彈的倫理爭議

一八九三年一月裡的某三日，加上後來三月裡的某四日，隸屬於美軍醫療軍團（U. S. Army Medical Corps）的拉加德（Louis La Garde）上尉，荷著武器和難纏的敵人激戰。這是一次史無前例的軍事任務，他永遠都不能忘懷。雖然拉加德以醫生的身分隨行，但他對武裝戰鬥可不陌生。他在一八七六年懷俄明州保護河遠征（Powder River Expedition）中面對蘇族（Sioux）部落的攻擊，贏得豪勇的美名。他領軍發動對鈍刀酋長（Chief Dull Knife）的攻擊，我們只能猜想這位酋長名號應該不能反映其智慧和軍事洞察力，或是軍備武器精良與否。

一八九二年七月，拉加德像是命中註定般接下這奇異的命令。軍隊的來信指名他將接到一支尚在實驗階段的點三〇口徑春田式步槍（Springfield）。他得帶著這把槍，連同原本標準的點四五口徑的同式步槍，在次年冬天時向賓州的法蘭克福軍械庫報到。在步槍瞄準孔內出現的會是一整排的人類，赤身裸體，毫無抵禦之力。但裸身卸武還稱不上是這群人特殊的地方，最特別的是他們已經死亡。他們都是自然死亡的無名屍，被蒐集起來當作軍需品部門的實驗對象。他們將被懸吊在靶場天花板的滑車裝置上，被子彈射擊至少十二處，並連番射個十來次（以模擬不同的距離），再進行驗屍。拉加德的任務是比較兩種步槍在人體骨骼和內臟上造成的不同生理影響。

美國軍隊絕非首度被授權拿平民遺體作為射擊實驗的單位。拉加德在他所著的《槍傷》（*Gunshot Injuries*）中提及法軍約從一八〇〇年起，就曾經「為了槍擊實戰教學，朝死屍射擊」。同樣地，德國人也大費周章地將這些替身支撐直立於戶外，以營造真實戰場的距離。即使是以中立著稱的瑞士軍隊亦在十九世紀末期認可一系列以遺體實驗的軍事傷口彈道研究。柯謝（Theodore Kocher）是一名瑞士外科教授和民兵成員（瑞士人傾向不打仗，但仍會武裝自己，攜有比紅色口袋小刀兼開瓶器更多的裝備）。他花了一年持著瑞士維特里（Vetterli）步槍朝各種物品射擊——玻璃瓶、書本、裝滿水的豬腸、牛骨、人頭，還有兩具完整的人類遺體——以瞭解槍傷形成的機制。

柯謝及拉加德在不同程度上，都期望利用遺體進行彈道學研究，讓步槍戰鬥邁向更人道的形式。柯謝呼籲戰爭的目標不在屠宰敵軍，而是使對方喪失戰鬥力。為了達成這樣的目的，他建議縮小子彈的尺寸，並以熔點比鉛高的物質鑄造，子彈不易毀壞，也破壞較少的組織。

軍需品圈的常用語，「失能」（incapacitation）或是「擊倒能力」（stopping power），成為彈道學研究追求的共同目標。如何在不使一個人殘廢或喪命的情況下，搶先制止對方把你打殘廢或置你於死地。沒錯，當拉加德和他搖搖擺擺的遺體們於一九〇四年登臺時，他們打的是強化擊倒能力的旗幟。美西戰爭後期，這項議題隨著美軍介入菲律賓而顯得愈發重要，因為原本柯爾特（Colt）點三八手槍在許多戰況中，無力及時擊倒敵人。柯爾特點三八手槍在「文明」戰事中被認為遊刃有餘。「即使是堅忍的日本士兵，」拉加德在《槍傷》中寫道：「第一次被擊中，就應聲倒地不起。」但這顯然不是「野蠻部落或瘋狂敵人」的反應。菲律賓的莫洛（Moro）族人被視為兩者兼具：「像莫洛人這般的狂熱分子，雙手各揮舞著大刀，又蹦又跳地向前進攻……一定需要具備極大擊倒能力的發射體才能阻擋。」拉加德如此寫道。（莫洛人以短劍術聞名，而非菲律賓大刀，傳言他們以一刀之內將對手一分為二為榮。）他轉述一名在戰場上虎虎生風的莫洛人，單槍匹馬進攻美軍守衛隊的故事。「當他進入一百碼之內時，全隊向他開火。」但是他仍然向前挺進九十五碼之多，才潰敗倒地。

拉加德在作戰部的催促下進行調查，針對軍隊的不同槍枝、子彈和它們立即遏阻敵軍的相對有效性作出檢驗。他認為，對著懸掛的遺體射擊，根據射擊後「出現的擾動」來記錄「衝擊」程度是可行的。換句話說，開槍後，懸掛的軀體或是手腳，能向後擺盪多遠呢？「這假設是基於不同重量的人體的擺盪力能被比較、測量，而且得出的結果還必須多少反映出擊倒能力。」馬歇爾（Evan Marshall）在《手槍擊倒能力》（*Handgun Stopping Power*）一書中解說：「他所做的其實是從有問題的實驗外推出有問題的資料。」

即使是拉加德上校也明白，如果想要找出槍枝擊倒能力大小，最好是在還沒有完全被「擊倒」的個體上試驗，也就是活生生的個體。「選中的動物是芝加哥牲畜圍場中待宰的『牛肉』(beeves)。」拉加德這樣寫道。以上用語讓一九三〇年代後閱讀此書的讀者大惑不解，因為當時「beeves」指的其實是「牛隻」(cattle)。實驗過十六隻「牛肉」後，拉加德得到了答案：較大口徑的點四五柯爾特式手槍擊出三到四發子彈後，就能使牛隻倒地；那些被較小口徑的點三八子彈擊中的動物，在中了十發子彈以後還不見得倒下。自此之後，美軍信心滿滿地上戰場殺敵，明白當牛群進攻時，他們勝券在握。

在美國和歐洲，大多時候是由豬隻承受軍火創傷研究的燒灼。在中國，包括在第三軍醫學院和中國兵工協會等組織，則是由雜種狗挨子彈。在澳洲，如第五屆創傷彈道學討論會的會議紀錄顯示，研究者多瞄準兔子開槍。這讓人不禁推測，一個文化通常會選擇最受鄙視的物種作為彈道研究的對象。中國人不時會吃狗肉，但除此之外對狗並無特殊情感或用途；在澳洲，兔子被視為災禍。原本由英國人引進作打獵之用，但後來牠們「像兔子般」快速繁殖，二十年間，將南澳兩百萬英畝的叢林一掃而光。

在美國和歐洲的研究中，這樣的推論無法成立。豬隻成為實驗品並非因為我們的文化認為牠們汙穢噁心，牠們會成為射擊目標，是因為器官與人類相似，豬心尤其和人類心臟相仿。

山羊也頗受歡迎，因為羊肺和人肺相近。在美國三軍病理研究所（Armed Forces Institute of Pathology/AFIP）研究防彈背心的德馬伊歐（Marlene DeMaio）指揮官提供我這些資訊。和她談話讓我感覺，若能拼湊其他種類生物的器官，或許就能造出一個能發揮功能的「非人」人類。「人的膝蓋最像棕熊的。」她在對談中提出令人吃驚、但或許又不是那麼訝異的陳述：「人腦最像六個月大的澤西乳牛（Jersey cow）腦。」[1]我從別處得知食火鳥（emu）的臀部酷似人類臀部。然而人類比食火鳥好運太多了，在愛荷華州立大學，食火鳥因為模擬缺血性骨壞死（osteonecrosis）的實驗而跛瘸，由研究人員送進送出電腦斷層掃描儀，希望找出此疾病的病因。

如果是由我在作戰部發號施令，我不會認可「為什麼有人在中槍後卻不倒地」這樣的實驗，重要的應該是為什麼他們「立刻」倒地。如果失血後（和緊接而來的腦部缺氧）需要十至二十秒鐘才會喪失意識，那麼為什麼中槍的人往往當場立刻倒下？這不只是在電視上才會看得到的事。

我向極受敬重的洛杉磯警局彈道專家兼顧問麥佛森（Duncan MacPherson）提出這個問題。麥佛森堅持這種現象純粹是心理作用，和心理反應有關。動物不知道中槍的意義，因此也甚少展現出中槍即刻倒地的反應。他指出心臟遭射穿的鹿在倒地前，常常還可逃離四十至五十碼。「鹿不明白發生了什麼事，所以繼續發揮鹿的本能，直到十秒後無以為繼為止。比較嚇人的動物就會利用這十秒接近人。」另外，值得注意的是，有人面對槍擊、但未中槍，或是被不具穿透力、只會擦傷的子彈擊中時，也會應聲倒地。「我知道曾有警員朝某個傢伙開槍，這人馬上躺平，臉朝下完全不醒人事。」麥佛森告訴我：「警官暗忖：『天哪，我瞄準的應該是身體部位。我一定是誤擊頭部了。我最好回靶場再練習練習。』然後他走向那傢伙，結果他身上一點傷痕也沒有。如果不是因為中樞神經系統被擊中，其他的任何立即反應都是心理作用。」

麥佛森的理論可以解釋拉加德時代的美軍面對莫洛族的困難，這些莫洛族人對步槍並不熟悉，因此繼續發揮莫洛族的本能，直到失血過多、喪失意識為止。有時並不一定是對子彈殺傷力一無所知而對攻擊無動於衷，也有可能只是性格剛猛堅毅所致。「許多傢伙以忍受疼痛為傲。」麥佛森說：「他們可以身中數十槍才倒地。我知道一位洛杉磯警局探員被點三七五麥格儂（Magnum）槍擊中心臟後，還殺了槍擊犯後才倒地。」

不是所有的人都同意心理作用理論。有些人認為只需要一顆子彈，某種神經系統就會負荷過度而倒地不起。我聯絡上一位來自德州維多利亞市、熱中射擊的神經學家兼候補副警長托賓（Dennis Tobin）。對於這點，他自有主張。托賓在《手槍擊倒能力》中著有〈「擊倒能力」的神經學觀點〉（A Neurologist's View of 'Stopping Power'）這麼一章。他假定腦幹中「網狀啟動系統」（Reticular Activating System/RAS）的區域就是使人突然崩潰的元兇。網狀啟動系統會被內臟大規模痛楚引起的神經衝動影響。[2]在接收到這些衝動後，網狀啟動系統會送出使特定腿部肌肉衰弱的訊號，其結果就是中槍者跌倒不起。

動物研究雖不甚可靠，但仍可找到一些支持托賓神經系統理論的證據。鹿中彈也許可以繼續奔竄，但狗和豬的反應和人類相似。這種現象的紀錄可以追溯至一八九三年的軍事醫學界。一位名為葛利菲斯（Griffith）的創傷彈道學實驗者，記載狗隻內臟在兩百碼外被葛雷克—約根森（Krag-Jorgensen）步槍擊中的效果的同時，注意到動物被擊中下腹後，「像被電擊一般瞬即死亡」。但葛利菲斯察覺有異，如他在《第一屆泛美洲醫學會議記錄》（*Transactions of the First Pan-American Medical Congress*）中所指出：「沒有任何重要部位的受傷足以引發這樣的瞬間死亡。」（事實上，這些狗隻可能不如葛利菲斯所想死得那麼快。比較可能的情況是牠們只是倒地不起，但從兩百碼外看來像是死了。等到葛利菲斯走了兩百碼到達狗隻身邊時，牠們的確已因失血過多而死。）

一九八八年，一位名為葛洛森（A. M. Göransson）、任職於隆德大學（Lund University）的瑞典神經生理學家，親自調查這起撲朔迷離的事件。葛洛森和托賓一樣，猜想一定是子彈的衝擊力造成中樞神經系統負荷過重。所以呢，也許是因為他對人腦和六個月大澤西牛腦間的相似性毫不知情，他將九隻麻醉後的豬腦連接到腦電圖儀（EEG），然後一次一隻，從後臀處射擊。葛洛森的報告中提到他使用了一種「高能量飛彈」（high-energy missile），不過事實並不是那麼誇張。文意上看來好像是他鑽進車裡，開離實驗室一段路程，然後朝倒楣的豬隻發射瑞典版的戰斧巡弋飛彈（Tomahawk Missile），但事實上，我得知那不過是快速的小型子彈。

在中彈的同時，除了其中的三隻以外，所有豬隻的腦電圖都明顯下降，有些案例中甚至達到五十%的降幅。既然豬隻事先經過麻醉，到底牠們的反應是不是因為槍擊而起，無法定論，而葛洛森也未加以推測。而且，如果牠們在射擊前已經失去知覺，到底反應的運作機制為何，葛洛森也無從得知。令全世界豬隻遺憾的是，他鼓勵各界再接再厲。

神經負荷過量理論的支持者指出「暫時性擴張空洞」（temporary stretch cavity）是這現象的源頭。所有的子彈在進入人體後，把組織周圍炸出一個空洞。空洞幾乎瞬間閉合，但他們相信，神經系統在洞口張開的不到一秒鐘發出救難訊號。這個訊號看來強烈到足以使線路負荷過重，使整個系統在大門掛上「休假去也」的看牌。

同一批擁護者相信，子彈若能創造愈大的擴張空洞，就愈能傳送必要的震動，達到彈道學所吹噓的「優良擊倒能力」。如果這種理論屬實，為了計量一顆子彈的擊倒能力，我們得觀察到擴張空洞的開啟。這就是為什麼仁慈的上帝和肯諾明膠公司（Kind & Knox Gelatin Company）攜手合作，發明人體組織模擬物（human tissue simulant）的原因。

我正準備將一顆子彈射進除了人類大腿之外最像人類大腿的近似物：十五乘二十公分大小的彈道組織模擬乳膠。組織模擬乳膠基本上是肯諾點心明膠的巧妙改良版，它比點心明膠濃稠，設計上符合人體組織的平均密度，顏色不那麼鮮豔，且缺少糖分，因此更不可能取悅餐桌上的客人。它比真正的人腿占優勢之處在於它提供了暫時性擴張空洞形成時的靜止影像。不像真正的組織，人體模擬組織不會反彈，這讓空洞繼續存在。彈道學專家得以判斷子彈射擊過程，並保留紀錄。還有，你不需要解剖模擬人體組織，因為它是透明的；你只管在射擊後走上前去，察看組織損傷的狀況。實驗完成後，你還可以把它打包回家享用，並在接下來的三十天內擁有更堅固、更健康的指甲。

就像其他的明膠產品，組織替代乳膠是由處理過的牛骨碎片和「剛剁碎」的豬皮製成。3 肯諾網站的技術明膠應用名單中，沒有模擬人體組織這個項目，這讓我大感驚訝，一如肯諾公關組的女士竟然沒有回我電話一般。你會料想，一家公司若能心安理得地在網站上讚頌第一號豬皮滑脂的美德（「這是十分潔淨的物質」，「以運油卡車、鐵路車輛運送」），理當能夠和你討論組織模擬乳膠，但很顯然的，我對明膠界公關的無知有好幾卡車之多。

我們的複製人類大腿由洛登（Rick Lowden）負責烹煮，他是名材料工程師，專長在子彈領域。洛登任職於田納西州的橡樹國家實驗室能源部。此實驗室以其曼哈頓（原子彈發展）計畫的鍗研究聞名，現在的研究範圍則更廣泛也更普及。比如說洛登最近參與設計環保無鉛子彈，使用後軍隊不須花力氣善後。洛登喜愛槍枝，也樂於討論。但現在與我討論，對他來說不啻為一次考驗耐心的時機，因為我不斷想要把話題扯回屍體上，而他看起來心不甘情不願。你以為一個不斷稱讚中空彈優點的男人（「彈頭可擴張成兩倍，砰地重擊目標」），應該能心平氣和討論遺體，但顯然並非如此。當我提到射擊人類遺體組織的展望時，他說：「你就是會怕。」接著他發出一種我在筆記本裡寫成「噁啊」的聲音。

我們站在橡樹嶺靶場的遮篷下，即將開始第一回合的擊倒能力測試。「腿部」裝在我們腳邊打開的塑膠冰桶中，微微冒出汗滴。顏色看起來像清燉肉湯，而且為了遮掩材質輕微的脂肪臭氣，外層塗上一層肉桂，聞起來像大紅（Big Red）牌肉桂口香糖。洛登提著冰桶走向十公尺外的目標桌，將模擬大腿裝進膠狀的支架裡。我和道德爾（Scottie Dowdell）交談，他是今天靶場的監管人。他告訴我有關附近松甲蟲傳染病的事情。我指向目標後方四百公尺處樹林中一叢枯槁的針葉樹。「像是那邊的樹嗎？」道德爾說不，並解釋那些樹死於槍傷。我從來不知道松樹會因此而凋萎。

洛登回來後開始架槍，那其實不是一把真正的槍，而是「通用裝置器」，一種架於桌面上的槍框，能配合各種不同口徑的槍身。瞄準完畢後拉線將子彈射出。我們正在測試一些在衝擊之下會碎裂的新式粉碎型子彈。設計易碎子彈的目的是為了解決「過度射穿」的問題，或者說是「跳飛」(ricochet) 的問題，也就是子彈穿透中槍者，從牆壁反彈，然後傷及周遭的路人或是開槍的警察或士兵。子彈衝擊碎裂的副作用是，它往往在中槍者的體內碎裂。也就是說，它具備了非常強大的擊倒能力。它基本上像顆小炸彈，在中槍者體內爆炸，也因此，直到今日它僅在諸如人質救援這一類「特警部隊」(SWAT) 行動時才會派上用場。

洛登把板機線交給我，倒數三下。乳膠穩定坐在桌上，晒得暖烘烘的，沐浴在靜謐蔚藍的田納西天空下——登登登，人生真美好，當塊乳膠真正好……碰！

整塊乳膠翻旋到空中，跌至桌外，落到草地上。如果約翰．韋恩目睹這一幕，一定會說，這塊乳膠短時間內沒法為非作歹了。洛登將它撿起，放回支架中。你可以一眼看到子彈橫越「大腿」的彈道。並沒有過度射穿或是穿出背面的情形，子彈在射進乳膠幾公分後就停了。洛登指著擴張的凹洞說：「瞧瞧，能量完全釋放。完全失去行動能力。」

我問洛登，彈藥專家是否曾經像柯謝和拉加德一般期望自己設計出不造成殘廢或殺戮、但能使人失去能力的子彈。洛登臉上浮現的表情，和早先我說穿透防彈背心的子彈「可愛」時一模一樣。他回答，「無論目標是人或車，」軍隊多少是以損害目標的程度來選擇武器。這也是為什麼測試擊倒能力時使用的是彈道乳膠，而非屍體。我們在這裡討論的實驗並非以拯救人命為目的，而是幫人奪取性命。我想你可以辯稱，警察和軍人的性命可以因此得救，但是，前提是要先奪取他人的生命。無論如何，這不是一個人體組織實驗會廣受支持的場合。

當然，彈藥專家射擊組織模擬乳膠的另一項重要因素是其再造性：只要你按部就班，結果永遠相同。畢竟屍體腿部的密度和厚度，依年齡、性別和原主死時生理狀況的差異，皆各有不同。還有另一個重要原因是清理工作簡單。今天早上的腿部殘骸已被收拾進冰桶，像塊低卡路里點心般井然安躺在箱型墳墓中。

這並不意味著對著組織模擬乳膠射擊就能遠離血腥。洛登指著我球鞋尖上那像電影《黑色追緝令》裡面的濺灑斑點。「妳腳趾頭上沾到模擬乳膠了。」

洛登雖然有過機會，但他從未射擊過死屍。那時他正和田納西大學人體腐爛實驗室合作一項計畫，發展在死屍內能抵擋酸性分解的抗腐蝕子彈，如此一來法醫便能研判發生已久的犯罪。

洛登並未朝著遺體射擊實驗階段的子彈，而是拿著手術刀和鑷子親手將子彈放入遺體中。他解釋，這樣做是要讓子彈出現在特定的位置：肌肉、脂肪、組織、頭部、胸腔、腹部。如果他選擇直接射擊組織，子彈可能會過度穿射，並且一如他們所說的，會直接落在泥土中。

他也覺得這是唯一可能的作法。「我總感覺我們不該射擊人體。」他回憶另一項計畫，那時他正研發可被放置於組織模擬乳膠中的模擬人骨，就像懸浮果凍中的香蕉和鳳梨片。為了測定模擬人骨的口徑，他需要實地射擊真正的人骨以做比較。「他們給了我十六隻人腿作為射擊之用。但能源部說如果我真的那麼做，他們就要終結我的計畫。我們必須改射豬隻的大腿骨。」

洛登告訴我，軍火專家甚至憂心射擊剛被屠宰的家畜會引起道德爭議。「很多人不願那樣做。他們會從店裡買火腿回來，或是從屠宰場帶回一隻腿。即便如此，很多人不願意在報告中明載實驗細節。這仍是種汙名。」

我們身後三公尺處冒出一隻土撥鼠，正嗅著空氣，這是牠一生最不幸的抉擇。這隻小動物只有人類大腿的一半大。如果一顆子彈誤中土撥鼠，我問洛登，那會怎樣呢？牠會在子彈衝擊下蒸發無蹤嗎？洛登和道德爾交換了眼神。我隱約感覺，射擊土撥鼠似乎不會受到太多譴責。

道德爾關上彈藥箱。「只是要寫很多報告而已。」

軍方最近又開始插手公家資助的遺體彈道研究。目標呢，如大家所想像的，純粹是人道的理由。去年在美國三軍病理研究所的彈道飛彈創傷研究室，指揮官德馬伊歐為遺體穿上新研發的防彈背心，並以現代彈藥朝它們的胸膛射擊，以在軍隊實際配裝前測試廠商宣稱的真確性。但顯然防彈衣廠商的承諾並非永遠值得信賴，據懷特（H. P. White）實驗室獨立彈道和防彈衣測試組的總工程師隆恩（Lester Roane）所言，廠商是不作遺體測試的。懷特實驗室也不作。「只要冷靜地運用邏輯思考，就應該不會有困擾，它們純粹是死屍。」隆恩說：「但是基於某種理由，在『政治正確』這個詞還沒出現以前，這就已經是政治不正確了。」

德馬伊歐的遺體測試跟軍隊原本測試防彈背心的方法相比已大幅進步：在韓戰時期的野豬行動（Operation Boar）中，測試多倫型（Doron）防彈背心的方法就是將它發給六千名士兵，和其他穿標準型背心的士兵比較看看。隆恩也說他看過一部中美洲國家的警察部門拍攝的影片，片中警員穿上防彈背心親身試槍。

製造防彈背心的祕訣在於它應該要厚實堅硬得足以抵擋子彈的穿透，但又不至於過重過熱，造成員警不舒適。若背心做得像是南太平洋吉伯特群島（Gilbert Islands）島民從前的穿著，你是不會想穿的。當我在首府華盛頓拜訪德馬伊歐時，我順道去了史密斯松尼自然史博物館（Smithsonian's Museum of National History），在那兒我看到吉伯特群島的盔甲展示。密克羅尼西亞的戰爭是如此激烈殘酷，吉伯特的戰士必須從頭到腳穿上以搓捻過的椰子殼纖維製成、如門墊那麼厚的盔甲。看起來像個上了粗繩裝飾的盆栽在殺入戰場時已經夠羞辱人了，更不要提這甲冑的笨重，要好幾個隨侍幫忙才能行動。

穿上盔甲的屍體和實驗汽車的屍體一樣，也戴上了加速計和荷重計，在這項實驗中，這兩樣東西是放在胸骨上用來記錄衝擊力，並讓研究者詳細知道防彈衣下的胸膛發生什麼樣的醫學變化。如果是一些口徑威力強大的武器，遺體會出現肺部裂傷和肋骨骨折，只要你不是具屍體，這些傷害皆不足以使人喪命。更多汽車工業使用假人來測試，總有一天遺體可以引退。

因為德馬伊歐建議使用人體，她被交代要格外謹言慎行。她獲得三個審查委員會、一位軍事法律顧問和一位領有執照的倫理學家的背書。這項計畫終於通過，只有一項附帶條款：子彈不能穿透，必須停留在皮膚層。

德馬伊歐有沒有因為惱怒而翻白眼？她說沒有。「我以前在醫學院的時候會想：『拜託，別感情用事了，這些人已經死了，他們已經捐出遺體了，你們到底懂不懂？』但是當我開始參與這項計畫時，我瞭解到我們是公共信任的一部分，即使這在科學上說不通，我們也必須在意人們的情感關懷。」

在制度層面上，如此小心翼翼也是因為擔心法律責任、負面媒體報導和資金的撤回。我和貝克（John Baker）談過，他是資助德馬伊歐研究的其中一家機構的法律顧問。這間機構的負責人希望我不要公布其機構名稱，僅以「位於華頓盛的聯邦機構」稱之。他告訴我過去的二十幾年中，民主黨議員和開源節流的立法者一直試著關閉此機構，這包括卡特總統、柯林頓總統和人道對待動物協會（People for the Ethical Treatment of Animals）。我有種感覺，就在我提出採訪要求的那天，這位負責人的生活頓時萎謝，就像能源部靶場後方那些枯槁的松樹。

「我們的顧慮在於某個親屬在驚嚇之餘會提出控告。」坐在某個華盛頓聯邦機構中辦公桌後的貝克上校說。「而這個領域中沒有相關法律，你沒有依據，只能盡量作出適當判斷。」他指出雖然遺體沒有權利，但是它們的家人有。「我可以想像基於情感挫折而引起的控訴案……有時墓園也會因為經營者讓棺木腐朽、任由遺體暴露而挨告。」我的反應是，只要你有知情同意書，由捐贈者簽署並聲明他願將遺體捐作醫學研究，家屬的控告不大可能成立。

會被緊咬不放的是「知情」這兩個字。平心而論，當人們捐出遺體時，無論是他們自己的或是家屬的，大多數人不會在乎將來發生在遺體身上的恐怖細節。如果據實以告，他們可能會改變心意，撤回同意書。但是話又說回來，如果你打算朝他們開槍，那最好是說清楚，得到明確的首肯。「尊重人們的重點，就是坦承告訴他們那些可能會招致情緒反應的資訊。」《臨床倫理期刊》（*Journal of Clinical Ethics*）的編輯霍爾（Edmund Howe）這樣說，他也審查了德馬伊歐的研究提案。「當然也可以換種方式，不說明細節來避免那些情緒反應，避免在道德上造成任何傷害。可是就怕隱瞞資訊有反效果，在某一程度上傷害到他們的尊嚴。」霍爾提出第三種可能性：讓家屬自己作決定：他們希望得知遺體捐贈後那些惹人心煩意亂的細節嗎？還是他們寧願被蒙在鼓裡呢？

最終，這是措辭上的微妙平衡。貝克評論：「你不會想要告訴家屬：『呃，我們要做的呢，就是解剖他們的眼球。把眼球取出，放在桌上，層層分割，完成後就把所有的東西蒐集起來放在消毒袋中，盡量保存剩下來的東西以便還給你們。』這聽起來真的很恐怖。」但是從另一方面來說，「醫學研究」這用詞則有些模糊。「所以你應該說：『本所大學十分重視眼科，因此我們經常有和眼科相關的實驗必需品。』」如果認真思考，不難意會某個人會穿著實驗袍，將你的眼睛從頭部挖出；但是大部分人不會仔細研究，他們在乎的是結果，不是過程：有一天或許他人的視力會因此獲得改善。

彈道學研究尤其問題百出。你該如何判斷割下某人祖父的頭顱做射擊實驗是必要之舉？即使你的理由是為了蒐集資料，以確保臉部受到非致命性槍擊的無辜平民不會因此而毀容？更何況，你要如何說服自己去完成切割和射擊他人祖父頭顱這項工作呢？

我將這些問題一古腦兒丟給我在韋恩大學遇到的比兒（Cindy Bir），她親身經歷了這些過程。比兒對於向死屍射擊並不陌生。一九九三年，國家司法研究院（National Institute of Justice）委託她記錄多項非致命性武器像塑膠、橡膠、豆袋製等子彈在發射後的衝擊影響。警方從一九八〇年代晚期，開始在需要壓制平民（通常是暴動者或具暴力傾向的精神病患者）但又不願危及他們性命的情況下使用非致命性子彈。此後，有九起案件發生「非致命性」子彈致命的情況，促使國家司法研究院請比兒深入調查這些材質不同的子彈，以避免不幸事件再度發生。

至於「你要如何說服自己去完成切割和射擊他人祖父頭顱這項工作呢」，比兒回答：「還好，有魯安代勞。」（就是在汽車撞擊測試中準備遺體的那位魯安。）她補充說非致命性子彈是從空氣槍（air cannon）射出，而不是一般手槍，因為這樣比較精確，也比較不會干擾測試者。「但是沒有多大幫助。」比兒承認：「最後我還是慶幸那項計畫終於結束。」

比兒應變的方法和其他遺體研究者大同小異，一種寄予同情，但又情感疏離的策略。「尊重它們，然後將事實與情感隔離……我不想說它們不再是人類，但……我會把它們想成是樣本。」比兒過去受的是護理人員的訓練，因此她多少發現死者其實較容易相處。「我知道它們沒有感覺，也知道我不會傷到它們。」但即使是經驗最老道的遺體研究人員，也會有感到手邊工作不只以科學方式呈現的時刻。對比兒而言，這和將子彈射進遺體無關；反而是當樣本走出它的默默無名、走出實驗物體的身分，再度返到過往人類身分的時刻。

「那次我們收到一具樣本，我下樓去幫忙魯安，而這位男士一定是直接從養老院或醫院被送過來，」她回憶著：「他穿著T恤和法蘭絨質睡褲。我愣住了……這可能是我的父親。還有一次我去查看另外一具樣本。我們常常在搬移前先確定它會不會過重。結果這個人身上穿著我家鄉醫院的病袍。」

如果你真的想要為了法律訴訟和形象問題徹夜失眠，那就在捐作科學用途的遺體旁點燃炸彈。這可能是遺體研究領域中最備受圍剿的禁忌。沒錯，拿麻醉過後的動物來當爆炸目標物通常比人類遺體更容易為人接受。一九六八年防衛性原子支援署（Defense Atomic Support Agency）發表一篇名為《人類對空爆炸直接影響的忍受度評量》（*Estimates of Man's Tolerance to the Direct Effects of Air Blast*）的報告。研究者探討爆炸實驗在小老鼠、倉鼠、大老鼠、天竺鼠、兔子、貓、狗、山羊、綿羊、小公牛、豬、驢子、短尾猴等動物上的影響，可是獨缺實驗目標本身。從來沒有人曾將屍體綁在振波管（shock tube）上，觀察會有什麼事情發生。

我致電給一位名為馬可力斯（Aris Makris）的男士，他任職於加拿大的美恩系統公司（Med-Eng Systems），此公司專門幫清除地雷的工作人員設計保護裝置。我告訴他這篇防衛性原子支撐署報告的內容，馬可力斯博士向我解釋屍體並不一定是丈量活人對爆炸影響忍受度的最佳樣本，因為它們肺部的空氣已經抽出，不再像正常肺部一般運作。炸彈的震波對人體最易壓縮的組織破壞力最強，更精確地說，那就是肺部裡面那些讓血液吸收氧氣、釋放二氧化碳的脆弱氣囊。爆炸震波會壓縮並破壞氣囊，血液因此滲進肺部，而且很快在十幾、二十分鐘到一小時內，淹沒整個肺。

馬可力斯坦承撇開生物醫學的考量不談，爆炸忍受度的研究者也許並不特別積極和屍體共事。「道德上和公關的挑戰都太艱困了，」他說：「轟炸遺體向來不是慣例，很難開口說：請為科學捐出遺體，好讓我們爆破？」

最近有個團體奮不顧身走進暴風圈。哈里斯（Robert Harris）中校和一組來自德州山姆休士頓堡（Fort Sam Houston）美軍外科研究所（U. S. Army Institute of Surgical Research）極端創傷研究支部的醫師，徵求遺體以測試五種已經廣為地雷清除小組使用或即將上市的特殊鞋襪。自越戰以來，就有流言甚囂塵上，指出涼鞋是清除地雷時最安全的鞋子，因為一般鞋子經地雷炸裂後碎片會像流彈似地刺進腳部，讓創傷惡化並增加感染的危險。可是從未有人將安全涼鞋的傳言以人體腳部付諸實驗，也從未有人以遺體測試這些備受廠商讚揚的產品，以向顧客宣稱這是比標準戰鬥靴更安全的物件。

接下來是「減低極端創傷評估計畫」(Lower Extremity Assessment Program/LEAP）天不怕地不怕的成員進場。從一九九九年開始，達拉斯醫學院遺體捐贈計畫中的二十具遺體，一具接著一具，用皮帶栓上，從可移動式的爆炸掩體垂放而下。每具遺體的腳跟和腳踝處都佩戴應變計和荷重計，並分別穿著六種不同的鞋款。有些鞋款的保護功能號稱能將腳提升至爆炸圈外，那裡爆炸力較弱；有些則宣稱能吸收並轉移爆炸的能量。遺體被擺設成一般的走路姿態，腳跟著地，好似昂首闊步走向它們的毀滅。為了加強逼真性，每具遺體從頭到腳都穿著正規軍服。除了力求真實外，軍服也予人尊嚴之感，也許，至少在美軍眼中，粉藍色的舞衣並不盡然能傳達相同的敬意。

哈里斯深信這項研究的人道利益遠勝於任何對尊嚴的破壞，不過他仍然詢問遺體捐贈計畫的管理人員，是否有告知家屬測試細節。他們不建議他這樣做，一方面不希望好不容易接受遺體捐贈的家屬「二度悲慟」(revisiting of grief)，另一方面，一旦進入冷冰冰的實驗室，幾乎所有遺體的使用都是殘酷的。如果遺體捐贈計畫的協調人員必須聯絡「減低極端創傷評估計畫」遺體的家屬，那他們是不是也應該聯繫走廊另一端墜落測試用的遺體的親人？還有，校園彼端解剖室遺體的親屬又該怎麼辦呢？如哈里斯所言，爆炸測試和解剖課堂間的差別不過是時間長短罷了。一種持續不到一秒，另一種則長達一年。「到最後，它們看起來相差無幾。」我問哈里斯是否計畫將自己的遺體捐作研究用途。他聽起來對這個想法頗為熱中。「我總是說：『我死了以後，就把我拿到外頭炸上天去。』」

要是哈里斯的實驗能選擇以「假腿」取代遺體，他早就做了。今天在這個領域的確有幾個不錯的選擇，正由澳洲國防科學和科技組織（Australian Defense Science & Technology Organization）發展。(在澳洲，正如其他大英國協國家，彈道和爆炸測試的遺體使用是被禁止的。因此也出現一些有趣的名詞。)「易碎替代腿」(Frangible Surrogate Leg, FSL）的製成材質遇到爆炸時的反應和人腿組織類似。比方說，它以礦物化塑膠取代人骨，以組織模擬乳膠取代肌肉。二〇〇一年三月，哈里斯將這種「澳洲腿」放在遺體受到地雷爆炸的同一地點，模擬當時狀況，看看兩方結果是否符合。令人失望的是，骨折模式並不吻合。但現階段最主要的問題在於經費。每具易碎替代腿（無法重新使用）要花上五千美元左右；遺體的花費（包含運費、愛滋病病毒和C型肝炎檢驗及焚化等）則大約五百美元。

哈里斯預見這些阻礙早晚會有解決方案，而價格終會下降。他期待那一日的到來。替代物的需求不只是因為和地雷相關的遺體測試在道德上棘手難解，也因為遺體規格並不統一。年紀越大，骨骼愈細，肌肉愈沒有彈性。在地雷測試的例子中，年齡的配對往往不理想，地雷清除工作者的平均年齡為二十幾歲，而捐贈遺體的平均年齡多為六十多歲。這簡直就像在一間滿是派瑞．寇摩（Perry Como，譯註：二〇〇二年葛萊美終身成就獎得主之一。二次世界大戰後到五〇年代搖滾樂興起前的流行歌手）歌迷的房間裡，測試「搖滾小子」（Kid Rock）的單曲。

但是直到替代品真正普及前，大英國協地雷測試研究員在不能使用全屍的情況下，還得傷透腦筋。英國的研究人員求助於腿部截肢以測試靴子，這項作法飽受批評，因為這些肢體多半生了壞疽，或有糖尿病併發症，難以與健康的肢體相比。另外一組人馬則試著將新式防護靴套進黑尾鹿的後腿，進行測試。由於黑尾鹿天生不長腳趾和腳跟，而人類又不長蹄，再加上就我所知沒有一個國家雇用黑尾鹿進行地雷的清除工作，這樣的實驗究竟價值何在，簡直難以想像——雖然聽起來很有趣就是了。

至於「減低極端創傷評估計畫」的研究結果，價值不菲。涼鞋的迷思在實驗後只稍微被證實（和戰鬥靴造成的創傷差不多嚴重）；反而是美恩公司製造的蜘蛛靴（編按：這種靴子架在四腳支架上，以減少觸地面積，讀者可參考http://www.med-eng.com/index.jsp）則證實是標準靴改良版（雖然還需要更多的實例佐證）。哈里斯認為這是項成功的計畫，因為地雷的特殊性質，即使是保護手段上些微的變化，都可以改善受害人的治療結果。「如果我可以挽救一隻腳，或將截肢降到膝蓋以下，」他說：「那我就成功了。」

令人傷感的是，人體創傷研究中的研究焦點，也就是最容易使人殘廢或喪命的東西，也最容易破壞遺體，包括車禍、槍傷、爆炸、運動意外。若只是研究釘書機創傷或是對不合腳靴子的容忍度，就沒有必要使用遺體。「為了抵禦潛藏的威脅，無論是汽車或是炸彈，都必須測到最極限。」馬可力斯評論：「得測到足以摧毀的程度。」

我同意馬可力斯。這是否意味，死後我讓別人炸斷我的腿，可以保護北大西洋公約組織（NATO）的地雷清除者呢？是的，這是否代表我會讓別人用非致命性彈射物擊向我的臉，以預防意外死亡？我想，是的。有什麼理由我不會讓別人利用我的遺體呢？如果我已成一具遺體，只有一種實驗是我不願參與的，這特殊的實驗並非為了科學、教育、座車安全或是士兵裝備的加強；這種實驗，以宗教之名進行。

註釋

1 我沒有問德馬伊歐關於綿羊與人類女性的生殖解剖構造的相似性，以免她不得不做出結論，將我的智商與……嗯，也許是棉花橡皮蟲的智力相比。

2 麥佛森反駁說槍傷在初始階段甚少引發疼痛。據十八世紀科學家及哲學家哈勒（Albrecht von Haller）所進行的研究顯示，疼痛程度和子彈擊中哪個部位有關。在活生生的狗、貓、兔子和其他不幸小生物上實驗後，哈勒系統性地根據內臟的痛楚程度加以分類。根據他的評估，胃、腸、膀胱、輸尿管、陰道、子宮和心臟會感到疼痛，但是肺、肝、脾臟和腎臟「沒有什麼知覺，我刺激它們，拿刀刺穿它們，將它們切碎，似乎也不見小動物們有什麼感覺」。哈勒承認這項研究有其方法論上的缺陷，最重要的是如他所說的，「當動物的胸腔受到如此猛烈的折磨，要分辨額外的輕微疼痛，十分困難」。

3 根據肯諾公司的網站，其他內含牛骨和豬皮成分的明膠產品包括棉花糖（marshmallow）、牛軋糖果棒的餡料、甘草糖、小熊軟糖（Gummi Bears）、焦糖、運動飲料、奶油、冰淇淋、維他命膠囊、栓劑，還有義大利臘腸外頭那層討厭的白色薄膜。我要說明的是，如果擔心狂牛症，那需要提防的東西不勝枚舉。而且如果真有什麼危險（我當然希望沒有），我們無一能倖免。那倒不如放輕鬆，再來一根士力架（Snickers）巧克力吧。

7 替誰上十字架？

杜林屍布上的血跡

時間是一九三一年。法國醫生和醫學院學生在巴黎匯集，參加一場名為拉涅克（Laennec）會議的年會。有一日接近午時，一位神父現身會場外圍。他穿著黑色教士長袍，頸上圍著天主教的白色立領，手臂下夾著一只磨損的舊公事皮包。他自稱阿瑪亞克（Armailhac）神父，前來諮詢全法最優秀的解剖學家。公事包內是一系列杜林殮布的近照，信徒堅信耶穌從十字架上被卸下後，這件亞麻布曾經用來包裹他即將入殮的屍體。一如今日，殮布的真實性受到質疑，因此教會轉而求助於醫學，以確認布痕是否符合解剖學和生理學的原理。

巴貝（Pierre Barbet）是位醫術卓越的外科醫生，但性格以不謙虛聞名，他邀請阿瑪亞克神父造訪他在聖約瑟夫醫院（Hospital Saint-Joseph）的辦公室，旋即提名他自己承接此案。「我精通解剖學，長年教授解剖。」他在《醫生在髑髏地：一位外科醫師對主耶穌基督受難的描述》（*A Doctor at Calvary: The Passion of Our Lord Jesus Christ as Described by a Surgeon*，譯註：髑髏地為基督被釘上十字架之地）一書中回想他對阿瑪亞克說：「有十三年的時間我與屍體關係緊密。」我們在這裡「假設教學工作」和「多年與屍體關係緊密」說的是同一件事情，但是誰又知道呢，也許他把死去親人的屍體保存在地窖中。這種習俗在法國時有所聞。

我們對巴貝醫生瞭解甚少，只知道他後期非常投入證明於殮布的真實性。也許太過投入了，沒多久，他就在實驗室將釘子擊入一具矮小、有一頭像愛因斯坦般蓬鬆白髮的屍體的手腳。那是一具無人認領、照例被送至巴黎解剖室的眾多屍體之一。最後，這屍體上了自製的十字架。

巴貝執著於殮布上一對從右手背的「印記」流出來的長形「血印」。[1]這兩點血印出自同源，但順著不同的方向與角度前進。第一道血痕，他形容是「歪斜地向上並向內攀登（從解剖學上看像是個呈挑戰姿態的士兵）」，接近前臂的尺骨。另外一道則纖細得多、蜿蜒而上，直到手肘處。」平心而論，從關於士兵的評論中，我們可以看出一絲端倪：巴貝其實是個古怪的傢伙。這不是我特別刻薄喔，但誰會用戰爭的意象來描述血流的角度呢？

巴貝斷言兩股血流會產生，是因為耶穌在十字架上時嘗試將自己撐起，但又隨即垂落由被釘住的雙手支撐，因此手掌傷口泌出的血會依姿勢的不同而順著兩種不同路線流動。至於為什麼耶穌要這麼做，巴貝的理論是，當人的手臂被懸掛時，吐氣變得十分困難。耶穌只是在呼吸困難時希望避免窒息。過一陣子，當雙腿疲累時，他又向下垂落。巴貝引一次世界大戰的折磨手段為佐證，當受虐者雙手被高舉過頭綑綁吊起時，「雙手高吊會引發一連串的痙攣和收縮」。巴貝寫道：「最後這些症狀蔓延至呼吸使用的肌肉，進而導致無法吐氣；這些受難者因為沒辦法清空肺部而死於窒息。」

巴貝利用殮布上所謂的血流來計算耶穌在十字架上的兩種可能姿勢：在垂下的姿態時，他推算張開的手臂和十字架的直軸呈六十五度。在向上支撐的姿勢中，手臂和直軸成七十度角。巴貝接著利用從市立醫院和貧民窟送到解剖系上的眾多無名屍中的一具遺體，嘗試證實此推算。

事不宜遲，巴貝將屍體運回實驗室後，馬上將它釘上家中自製的十字架，接著將十字架立起，測量屍體掛在上頭的手臂角度，結果是六十五度。（由於屍體說什麼也不願意自己撐起來，第二種姿勢的角度未被證實。）巴貝著作的法文版內含一張釘在十字架上的屍體照片。照片從腰部以上取鏡，所以我無法判定他是否以耶穌風格的包纏衣著打扮屍體，不過我敢說，屍體的面容和劇場藝術獨白家史鮑汀・葛雷（Spalding Gray）非常相像。

巴貝的想法呈現解剖學上的難題。如果耶穌的確有雙腿頹然的時刻，全身重量都落在被釘住的手掌上，難道雙手不會沿著釘子撕裂嗎？巴貝不禁猜想，是否耶穌被釘住的地方是較強壯、骨骼較多的手腕處，而非手掌的肌肉。他決定進行實驗，細節全收錄在《醫生在髑髏地》裡。這次，他只釘一隻手臂，不再使勁將整具屍體搬上十字架。那手臂的主人後腳尚未踏出實驗室，巴貝已經亮出鐵鎚：

剛從健壯的男性身上截下三分之二長的手臂，我將大約三分之一吋的方形釘（受難釘）敲進手掌的中央……接著我輕輕在手肘處掛上一百磅的重物（相當於約六呎高男人一半的體重）。十分鐘後，傷口已經拉長……我接著以中等力道搖晃整隻手臂，突然間我看到釘子畫過兩掌骨間的空隙，在皮膚上留下巨大的裂縫……第二下的輕晃將所剩完整的皮肉完全撕裂。

在緊接著的幾周內，巴貝又釘穿了十二隻手臂，在手腕間尋找釘入直徑粗達三分之一吋釘子的適當位置。假如你只是受了輕微手傷，這絕非你造訪巴貝醫生的最佳時機。

最終，巴貝發現了他確信釘子穿透的地方：「德斯托間隙」（Destot's space），手腕中兩排手骨間如豌豆般寬的空隙。「在每件實驗中，」他寫道：「釘子尖端隨著特定方向，好像沿著漏斗壁滑進，自然而然就找到正等待著它的空間。」好似連釘子滑動的軌跡都受到神力介入。「而這個位置，」巴貝大獲全勝地表示：「正是殮布上顯示的釘痕所在，不可能有偽造者能具備這樣的知識……。」

接著登場的是祖契柏（Frederick Zugibe）。

祖契柏是個不苟言笑、過度操勞的紐約州洛克蘭郡（Rockland County）驗屍官，閒暇之餘，鑽研耶穌受難和全世界各地他所謂的「殮布信徒會議」（Shroudie conferences）組成的「巴貝批鬥」。如果你撥電話給他，他總能撥空談上一談，但是在談話的過程中，你會明顯發現，祖契柏缺少的正是空閒。他可能正跟你推算耶穌雙手被身體拉扯力量的公式，然後電話中的聲音會飄離話筒約一分鐘，回神時會說：「抱歉，是個九歲小女孩的屍體。被父親毆打致死。我們講到哪兒了？」

我猜祖契柏不像巴貝，並不以證明杜林殮布的真實性為使命。他從五十年前開始對釘十字架的科學產生興趣，當時他還是個生物學學生，偶然讀到一份別人給他的報告，主題是耶穌受難的醫學觀點。他對於報告中生理學部分的謬誤感到驚訝。「所以我著手研究，寫了篇學期報告，興趣愈溢濃厚。」至於他為什麼會對杜林殮布著迷，只不過是因為如果一切屬實，這將提供許多有關釘十字架的生理學資訊。「然後我接觸到巴貝的著作。我就想，天哪，這鐵定是個天才，想出雙重血流那些的。」自此祖契柏開始進行他自己的實驗。一字一句，巴貝的理論經過反駁後不堪一擊。

就像巴貝，祖契柏自製了十字架，除了二〇〇一年有幾天被送到外頭修理歪曲的架柄之外，這個作品立在他位於紐約郊區的車庫中已經四十年了。和巴貝不同的是，祖契柏不用屍體，反而有幾百名之多且活生生的自願者。第一次實驗時，他從當地的聖方濟第三修會（Third Order of St. Francis）找了將近一百名的自願人士。需要付「實驗品」多少上十字架的酬勞呢？一塊錢也不用。「要他們付錢也不是不可能，」祖契柏說：「大家都想上去嘗嘗那是什麼滋味。」在雙方同意下，祖契柏以皮帶替代釘子。（這麼多年來，祖契柏有時會接到要求比照真實情境的自願者的電話。「妳相信嗎？有個女孩打給我，要我真的將她釘上十字架。她隸屬某個團體，裡頭的人把金屬片嵌進臉中，用手術改變頭型，將舌頭分岔，還把一些東西插進陰莖。」）

祖契柏首先注意到的是，沒有人因為被架在十字架上感到呼吸困難，即使懸掛的時間長達四十五分鐘亦然。（他一向對巴貝的窒息理論感到懷疑，又駁斥他將虐待受害者相提並論，因為那些人的雙臂綑綁於頭部正上方，而非平張於兩側。）祖契柏的被實驗者也未自發性地將自己撐起。事實上，當他們在另外一項實驗中被要求照做時，他們無能為力。「要將自己從那樣的姿勢使力攀升，是完全不可能的，雙腳還緊靠著十字架呢。」祖契柏如此斷言。他更進一步指出，雙道血流出現在緊壓十字架的手背部。如果耶穌果真將自己撐起又落下，從傷口泌出的血會抹得到處都是，而非清楚地分裂成兩股血流。

那麼到底是什麼造成殮布上聞名遐邇的雙支血流呢？祖契柏推測其形成的時間應在耶穌從十字架上卸下並梳洗過後。沖洗阻礙了凝結，少量的血因此滲出並在與尺骨突（ulnar styloid）隆起處相遇時分成兩道細流。尺骨突是手腕在小指同側突出的地方。祖契柏想起他曾在驗屍室的槍傷死者身上看過一模一樣的血流。他沖洗剛送達屍體身上的傷口，看看是否有少量的血溢出。「幾分鐘之內，」他在一篇刊於《殮布》（*Sindon*）期刊的文章中寫著：「一涓血流滲出。」

祖契柏接著注意到巴貝在「德斯托間隙」上犯了解剖學的錯誤。那並非如巴貝洋洋得意宣稱的「正是殮布上釘子記號之所在」。杜林殮布上手背處的傷口出現在大拇指那一側的手腕，而任何解剖學教科書都可以證實德斯托間隙其實位於小指側的手腕，而巴貝確實也將釘子敲入實驗屍體的手腕此處。

祖契柏的理論則認為釘子以特殊角度從耶穌的手掌進入，然後從手腕後方穿出。他自有他的屍體證據：四十年前在他驗屍室中拍攝的謀殺案死者照片。「她全身遍布兇殘的刺傷。」祖契柏回憶道：「我發現一道防禦性傷口，是在她將手舉起，以抵禦臉部受到殘酷襲擊時造成的。」雖然傷口前端位在手掌，刀鋒顯然以特別角度刺透，從大拇指側的手腕穿出。刀子所走的路徑顯然沒有什麼障礙物：X光片顯示沒有骨頭碎屑的存在。

先前提到，刊登於《殮布》的文章中，有一張祖契柏和自願者的照片。祖契柏身著及膝的白色實驗袍，正在調整置放於自願者胸膛前的重要標示測錘。十字架高得幾乎碰到天花板，聳立於祖契柏和整排的醫學探測器之間。除了一條運動短褲和大鬍子外，自願者裸著身子。他臉上帶著等巴士乘客的那種漠不關心、輕微失焦的神態。兩人對鏡頭的窺視毫無自覺。我想當你投入這樣的計畫時，就忘了在外界看來你是多古怪。

毫無疑問地，巴貝並不認為將原本意在造福解剖教學的屍體拿來做受難模擬實驗，好向質疑者證明杜林殮布的奇蹟確實存在，有任何奇怪或是不妥的地方。「這確實事關重大。」他在《醫生在髑髏地》的前言中寫道：「我們身為醫生、解剖學家、生理學家，我們這些知情者應該向外宣揚，這可悲的科學將不再只是解除同胞的痛苦而已，我們的科學將完成更偉大的任務，那就是啟蒙眾生。」

對我而言沒有比「解除同胞的痛苦」更「偉大的任務」——偉大的任務自然絕非宗教宣傳。我們即將見識到，有些人在已死亡的狀態中，依然試著解除眾生的苦痛和折磨。如果有屍體具備封聖的資格，那絕不是被釘在十字架上的史鮑汀．葛雷，而是每日每夜川流於醫院、腦死卻仍有跳動心臟的器官捐贈者。

註釋

1 杜林殮布上真的有血印嗎？根據一位已逝的藥劑師兼殮布堅信者愛德勒（Alan Adler）生前所主持的法醫鑑定來看，那是千真萬確的血跡。但《審判杜林殮布》（*Inquest on the Shroud of Tourin*）的作者尼柯（Joe Nickell）認為，那肯定不是。他在著名的流言終結者團體「異常現象科學調查委員會」（Committee for the Scientific Investigation of Claims of the Paranormal）網站上刊登的一篇文章指出，「血液」的檢測結果顯示，那不過是紅赭土和朱紅蛋彩顏料的混和物。

8 要怎麼知道你已經「登出」了？

腦死、活埋和靈魂的歸宿

一個病患被送進手術房的速度，往往比前往停屍間的速度快上兩倍。金屬擔架車運送活人穿越醫院走廊時，充滿決心和逼切感，兩側的護理人員個個邁開大步，面色凝重，穩定靜脈注射，用甦醒器打氣，衝進手術房的雙扇門中。若擔架車上躺的是具屍體則沒有緊急性可言。一個人伴隨就已足夠，平靜低調，就像購物推車一樣不起眼。

就因為這樣，我以為我可以自行分辨這往生的女人何時會從我身旁被推過。我人在加州大學舊金山分校醫學中心手術樓層的護理站，一邊看著擔架車穿梭，一邊等待加州移植捐贈者網路的公共事務負責人皮特森（Von Peterson），和一具我接下來稱為H的屍體。「妳的病人在那兒。」一負責的護士說。令人意外的是，突然間混亂四起，一雙雙身著青綠色手術褲的腿紛紛緊急地向前奔去。

H的特別之處就在於她既是屍體，也是即將被送往手術室的病人。她就是所謂的「腦死遺體」，除了腦部之外，全身上下運作一如往常。在人工呼吸器發明之前，這樣的實體並不存在：當失去了腦部功能，身體就無法自行呼吸；但是將它連接到呼吸器，心臟則可繼續躍動，其他的器官亦跟著多活躍了幾天。H看起來、聞起來、感覺起來一點也不死氣沉沉。如果你俯身靠近擔架，可能看到她脖子上的血管脈動起伏。如果你觸摸她的手臂，那溫暖、具彈性的觸感，和你自己的沒有兩樣。也許這也就是為什麼醫生護士會稱H為「病人」，還有她為什麼會以一般進開刀房的速度入場的原因。

在美國死亡的法律定義是腦死，因此H這個「人」已經死亡，如假包換。但是H的「器官和組織」仍是活的。這種表面上的自相矛盾給了她大部分屍體沒有的機會：能幫忙延續兩位或三位陌生人的生命。在接下來的四小時中，H會獻出她的肝、腎和心臟。一次一項，外科醫師輪班進場，取出器官再急忙趕回受苦的病人身邊。直到最近，這項過程在專業移植醫師間被稱為「器官採收」(organ harvest)。這語彙帶著愉悅歡慶的音調，也許過於愉悅了，所以最近改稱為較正經八百的「器官回收」(organ recovery)。

在H的案例中，一位外科醫生遠從猶他州來回收她的心臟，而另外一位回收了肝和腎的醫生則將之帶回兩層樓下的病房。加州大學舊金山分校醫學中心是重要的移植中心，院中取出的器官通常留在院內。更常見的是負責移植的醫師會遠從大學醫學中心到某一個小鎮進行器官回收——對象經常是意外遇難、腦部意外受到撞擊，但擁有強健器官的年輕人。醫生這樣做是因為小鎮上通常缺少有器官回收相關經驗的醫生。不像謠傳所描述，受過外科訓練的惡棍可以在旅館房內把人給切開偷取腎臟，器官回收是項高度棘手的工作。如果要確保一切穩當，最好搭上飛機親自執行。

今日的腹部器官回收醫生名為波索（Andy Posselt）。他手中握著燒灼棒，看起來像一枝接著電線的廉價銀行筆，但其作用無異於手術刀。燒灼棒既能切割又可燒灼，所以當切口出現時，所有遭到切斷的血管馬上被融斷。雖然流血量降低，但煙和味道則因此增加了不少。這味道不臭，帶點肉焦味。我想問波索是否喜歡這煙味，但又問不大出口，所以改問他是否覺得我喜歡這煙味是件壞事。其實我也不是真的那麼喜歡，只是覺得還不賴。他回答這不好也不壞，只是病態。

我從未見過大手術，充其量只看過手術後的疤痕。從疤痕的長度，我想像外科醫師下刀的樣子，透過長約二十公分的開口，取出東西、放進東西，像個將手探進皮包底部找眼鏡的女人。波索醫師從H的陰毛上方開始，往上切畫六十公分直到脖子根部。他像在拉開連帽外套拉鍊般。H的胸骨被縱向鋸開以打開胸廓，接著裝上大型牽引器，拉開切口兩側，讓寬度和長度等距。她像只雙層手提包（Gladstone bag）般敞開，迫使人看清人體軀體的基本功能：堅固的大型內臟。

往裡看去，H看來生氣蓬勃。你可以看見心跳的脈動一路從肝臟延伸到大動脈。她被切割的傷口在流血，她的器官鼓起，看起來滑溜溜的。心臟監測器的電子節奏更讓人錯認這是副活生生、呼吸順暢的活躍人體。要將她視為屍體實在太奇怪、太不可思議了。我昨天試著向我的繼女菲比解釋何謂腦死遺體時，她無法理解：如果心臟仍在跳動，他們不就是個活人嗎？最後她的結論是我們「可以對這些人動手腳，又不會被發現」。我想，這可以拿來定義所有的捐獻遺體。在解剖室或手術室中發生在死者身上的事情，就像在它們背後講八卦一樣。當事人感覺不到，也不知情，所以不會造成痛苦。

腦死遺體的矛盾和違反直覺的特性，對加護病房的工作人員而言可說是情緒上的強迫磨難，他們在摘取器官之前的日子，一定不只一次把H這樣的病患看作一個生命體，更以相同的方式關懷照顧他們。腦死遺體仰賴日以繼夜的監測，人為的「救命」干涉有時也是必要的。既然腦部已無法控制血壓或維持荷爾蒙的平衡和釋放血液的程度，這些事情都需加護病房人員代勞，以免器官退化。刊登於《新英格蘭醫學期刊》（*New England Journal of Medicine*）中一篇名為〈器官回收的社會心理和倫理隱射〉（Psychosocial and Ethical Implications of Organ Retrieval）的文章提到，一群凱斯西保留地大學（Case Western Reserve University）醫學院的醫師有如此觀察：「加護病房的人員對於在已宣布死亡的病人身上實施心肺復甦術，可能出現疑惑的情緒，尤其是當隔壁仍活著的患者床前掛了『不予施行心肺復甦』的指示。」

人們對於腦死遺體的焦慮，反映出數世紀以來人類對於死亡要如何定義、以及要如何指出靈魂——靈魂、氣，無論你怎麼稱呼——離開軀體的確切時刻的長久疑惑。長久以來，在腦部活動可被測量前，心臟停止跳動的那一刻就是生命的終點。事實上，心臟停止輸送血液後，腦部尚可存活六到十分鐘之久；但這是鑽牛角尖，心跳停止、生命即止的定義大部分時候是適用的。過去的問題在於醫生無法確實判斷心臟是否真的停止，或者那不過是他們聽力欠佳聽不到而已。聽診器在十九世紀中期以後才出現，而且早期的發明沒有比醫療用喇叭助聽器（medical ear trumpet）好到哪裡去。如果碰到病患的心跳和脈搏特別微弱，像溺水、中風、某些藥物中毒的情況，即使是最謹慎的醫師也會誤判，讓病人冒著活生生被殯儀館接手的危險。

十八、十九世紀的醫生為了安撫病人對活埋的恐懼，還有他們自己的不安全感，發明了一連串耐人尋味的死亡驗證方法。威爾斯籍醫生暨醫學歷史學家邦德森（Jan Bondeson），在他機智幽默、研究詳盡的著作《活埋》（*Buried Alive*）中收錄了十來種方法。這些技巧大致可分為兩類：施予無以復加的痛楚，使失去意識的病人痛醒；另外也可採用極盡屈辱之策略。用刀片割開腳跟，把針頭扎入腳趾甲；喇叭齊鳴，還以「駭人的尖叫和暴烈的噪音」摧殘；一位法國神職人員建議將燒紅的火鉗戳進邦德森含蓄地稱為「後方通道」之處；一位法國醫師發明一套孔頭鉗，專為復活之用；另外一個人發明了類似風笛的奇巧裝置，用以施予菸草灌腸劑，還興致高昂地在巴黎的停屍間示範。十七世紀解剖學家溫斯樓（Jacob Winslow）懇求他的同行將滾燙的西班牙蠟淋在病人前額，並將熱尿倒進嘴巴裡。一本瑞典的相關小冊還記載有人竟把昆蟲趕到耳朵裡頭。不過，若要簡單明瞭又具原創性，沒有什麼比得上將「削尖的鉛筆」捅進可能已作古的病患鼻孔中。

在一些案例中，到底是病人還是醫生較為屈辱則很難斷定：法國醫生拉柏德（Jean Baptiste Vincent Laborde）寫下長篇大論描述他富涵節奏的拉舌術，在可能的死亡時間後必須施行至少三小時。（他稍後發明曲柄式手握拉舌機器，使這項工作輕鬆了一些，不過沉悶依舊。）另外一位法國醫生指示同業將病人的手指戳進自己的耳朵內，聆聽不隨意肌運動所產生的嗡鳴。

不出所料，這些技術沒有一樣獲得廣泛認同，而大部分的醫師覺得腐爛是確認死亡唯一可靠的方式。這表示屍體必須放在房內或是醫師診療室中，直到兩、三日後有顯著的徵象或聞到氣味為止。這景象可能比灌腸還要更令人不舒服，於是就搭了這些稱為「等待停屍間」的特殊建築物，專門儲放腐敗中的屍體。這些大廳十九世紀時流行於德國，相當空曠華麗。有些建築會分隔出男性和女性屍體的儲存廳，好似即使生命已逝，男人在女士面前仍舊無法舉止體面得宜。有些則以社會階層區隔，家境富裕的死者可以多花點錢在富麗堂皇的空間中腐爛。看管者的職責是隨時注意生命跡象，方法是以一連串細繩將鐘鈴繫到屍體手指上，[1]或是如其中一間的設計，連到大型風琴的風箱，所以屍體任何的風吹草動都會驚動看顧者。不過因為停屍間內臭氣熏天，他們必須在隔離的房間中上班。時光流逝，當得救的人數依舊停滯在零時，這些建築物逐漸關閉，到了一九四〇年，等待停屍間已經步上乳頭鉗和拉舌器的後塵。

假若肉眼能見到靈魂飄離身體就好了，不然，能夠測量也好。這樣一來，斷定死亡時間頓時成了簡單的科學觀察。在麻州哈佛山（Haverhill）的麥杜格（Duncan Mcdougall）醫師的主持下，這樣的假設幾乎成真。一九〇七年，麥杜格展開一系列的實驗，驗證靈魂究竟能不能測量。六位即將臨終的病患，並排躺在麥杜格辦公室中的特製床上，床下是平臺式的天平秤，敏感度達五公克。透過觀察人在死前、還有死亡過程中體重的變化，他期望證明靈魂是有實質重量的。麥杜格的實驗報告刊載於一九〇七年四月的《美國醫學》，為平常以咽峽炎和尿道炎為主的內容增色不少。以下是麥杜格對第一位實驗者死亡過程的描述。除了詳盡之外，我不知道可以怎樣形容他的風格。

> 三小時又四十分鐘後他斷氣了，突然之間，和死亡時間正好重疊的那一刻，秤的尾端因為下墜撞擊下方的限制桿而發出聲響，並停留在那裡，未回歸原先位置。失去的重量確認為二十一公克。
>
> 這損失的重量不可能是出自於呼吸的溼氣或汗水的蒸發，因為先前已確認，在這個個案中，過程中每分鐘會流失六十分之一盎司，而此處的重量損失是突發性的，而且幅度較大……。

> 內臟沒有移動；即使有移動，除了溼氣蒸發引起的緩慢失重外，體重仍會留在床鋪上，當然這得視排泄物的流動性而定。膀胱釋出一至二打蘭（dram，編按：重量單位，英制為一．七七克，美制為三．八八克）的尿液。尿液留在被鋪上，若是會影響重量，也只能透過漸進的蒸發，因此絕不可能是重量突然減少的原因。
>
> 現在還有一項可能的原因有待探索，那就是肺中殘留空氣的呼出。我於是自己坐到床上，請同事將秤歸零。我極盡所能地吸氣和呼氣，但對天平秤毫無影響……。

在繼續觀察了五位病患死亡時拋掉類似的重量後，麥杜格進而拿狗隻實驗。十五隻狗在斷氣時未出現顯著的體重下降，麥杜格遵循他所信奉的宗教教義，將這實驗結果視為動物沒有靈魂的佐證。我們瞭解麥杜格拿病人充當實驗品，但是他如何在短時間內取得十五隻臨終的狗則無法有合理的解釋。排除當地爆發犬瘟熱的可能性，我們只能揣測慈悲為懷的醫師為了完成他在生物神學的渺小實驗，冷靜地毒害了十五隻犬類。

麥杜格的報告在《美國醫學期刊》讀者回應欄引燃火爆激辯。麻州的同行克拉克（Augustus P. Clarke）指責麥杜格考慮欠周，未將死亡時血液循環停止不再經過肺部空氣冷卻而引起的體溫驟升納入實驗假設。克拉克假定體溫驟升引起的汗水和溼氣蒸發，足以解釋人體體重的減輕和狗隻重量不變。（狗藉由喘氣散熱，而非流汗。）麥杜格則反駁說，若沒有血液循環，則沒有血液可到達皮膚表層，也不可能有表面冷卻的情形。論戰從五月號蔓延到十二月號，就在最後那一期我斷了頭緒，雙眼瞟到隔頁由葛利格（Harry H. Grigg）醫師撰寫的〈古代醫學和手術歷史的幾點評論〉（A Few Points in the Ancient History of Medicine and Surgery）。多虧他，現在我在雞尾酒會上對痔瘡、淋病、割包皮和擴張器可以侃侃而談。[2]

隨著聽診器的改進和醫學知識的增長，醫師對於自己判斷心跳停止的能力信心漸增，而醫學界最終也同意，這是決定病患永久退房還是只是陷入昏迷地獄的最好辦法。將心臟擺在死亡定義的聚光燈下，它可以在生命和靈魂、或是精神和自我的定義中扮演代替性要角。此種想法由來已久，從上萬條情歌、十四行詩和各式「我♥××」保險桿貼紙可證。因此相信自我只存在於腦部的腦死概念，等於投了一記哲學的詭譎曲球。突然間心臟只是個燃料幫浦，讓人不大習慣。

到底是哪個部位占據靈魂寶座的論辯延續有四千年之久。最初辯論的重點不在心臟和腦部，而是心臟和肝臟。遠古埃及人是原始的心臟支持者，他們相信「ka」駐留在心中。「ka」是一個人的精華：心靈、智慧、感覺和熱情、幽默、怨恨、擾人的電視主題曲，是人之所以為人而非線蟲的條件。心臟是木乃伊製作完成後體內唯一留下的器官，因為一個人來生仍需「ka」

長相左右。顯然古埃及屍體不需要腦：屍體的腦部先攪成一團爛泥，然後用銅鉤從鼻孔拉出，拉下來的命運唯有丟棄。（肝、胃、腸和肺從體內被取出保存：安置在墓穴的陶罈中，我想這樣做的目的在於，繁複的包裝總比漏掉些什麼好，尤其是在為來生打包的時候。）

巴比倫人是最早的肝臟倡言者，他們相信肝是情感和心靈的源頭。美索布達米亞人則遊走兩端，將情感歸於肝，智慧歸於心。這些傢伙思路像個即興發揮的鼓手，因為他們將靈魂狡詐的一部分歸於胃部。歷史上類似的天馬行空思想家包括笛卡兒（Descartes），他寫道，胡桃大小的松果腺中可以發現靈魂的蹤跡；還有亞歷山大時期的解剖學家史特拉多（Strato）滿心相信靈魂住在「眉毛後面」。

隨著古典希臘理論的興起，關於靈魂的辯論演變成較為人熟悉的心腦爭霸戰，此時肝已經降格為配角了。[3]雖然畢達哥拉斯和亞里斯多德視心為靈魂的居所——是成長必要的「生命力」源頭——他們亦相信有次要、「理性」的靈魂或是心靈盤據在腦中。柏拉圖同意心腦兩者皆為靈魂的領域，但是將腦的位階提高。至於希波克拉底自己則好像有些搞混（也或許是我自己），他注意到腦部受損對語言和智商的影響，但是又認為腦是分泌黏液的腺體，他還在其他地方寫到，掌管靈魂的智慧和「熱」位於心臟。

既然靈魂不是看得見、手術刀觸得到的東西，早期的解剖學家對這項辯論助益不大。在缺乏任何科學方法定位靈魂的情形下，第一批解剖學者從生殖先後順序著眼：首先出現在胚胎身上的東西一定是最重要、也必然是靈魂最有可能的藏匿地。這種稱作靈魂實體化（ensoulment，靈魂進入肉體）的意識形成方式有個問題，要獲取頭三個月的人類胎兒著實不易。古典靈魂實體化的學者，包括亞里斯多德在內，曾轉為嘗試以較大型、且較容易取得的雞胚胎實驗。《人類胚胎》（*The Human Embryo*）引用作者紐頓（Vivian Nutton）〈早期文藝復興醫學中的靈魂解剖〉（The Anatomy of the Soul in Early Renaissance Medicine）一文指出：「從觀察雞蛋得來的類比，敗筆就在人並非雞。」

據紐頓所言，曾經檢驗最接近真實人類胚胎的解剖學家名為哥倫波（Realdo Colombo），他在文藝復興哲學家彭達諾（Girolamo Pontano）[4]的命令下，解剖了一個月大的胎兒。哥倫波自實驗室出來時——那實驗室絕對沒有顯微鏡之類的器材，因為那時候還沒有這項發明呢——帶著若非大錯特錯、也算是令人驚異的消息，即肝臟比心臟更早成形。

身處以心臟為中心語彙的文化之中，在情人節愛心和流行歌歌詞的團團包圍下，要想像肝握有心靈或情感主權實在困難。早期解剖學家之所以稱頌肝的地位，最主要是因為他們誤以為肝是人體血管的源頭。（哈維提出的循環系統理論給了肝即靈魂所在這項說法致命的一擊；你鐵定不會感到意外，他認定靈魂隨血液流轉。）但我想原因不只這個：人類肝臟外觀看來霸氣，色澤光亮，成流線形，堂皇氣派。比較像件雕塑品，而非內臟。我深受H的肝震撼，這顆肝目前正在手術室中預備啟程。肝周圍的器官形狀軟弱，其貌不揚：胃扁塌塌的，一點也不明顯；

腸呢，混亂溼糊；腎臟則躲藏在層層油脂下。但是肝臟亮晶晶，看來經過精心設計鍛鍊；兩側曲線細緻，像是外太空的地平線。如果我是古代巴比倫人，我大概會認為上帝降臨於此。

波索醫師正將肝和腎上的血管和連結管隔離，準備移除器官。首先是心臟——心臟存活的時間是四到六小時；而腎臟可以在冷藏後存放十八、甚至到二十四小時——但是心臟回收外科醫生還沒到，他正從猶他州趕過來。

幾分鐘後護士將頭湊進手術室，「猶他州抵達。」手術室工作人員的交談方式，就像駕駛員和航管人員一樣夾雜著術語。手術室牆上列著今天的流程——移除四項重要器官，替移植手術作準備，挽救三個命在旦夕的病人——上頭寫著「腹回收（肝／腎×2）♥。」而就在幾分鐘前，有人還用俏皮的「panky」一字指稱胰臟（pancreas）。

「『猶他州』在換手術衣了。」

猶他州是個年約五十、面貌和藹的男子，削瘦黝黑的臉頰旁有著灰色的髮鬢。他換上手術服，一位護士正替他戴上手套。他看起來冷靜、信心滿滿，臉上甚至閃過厭煩的神情。（這真是傷了我的心。他正準備從人類胸腔中取出一顆跳動的心哪。）心臟到這時為止一直隱藏在心囊下，現在波索醫師將這一層層厚厚的保護膜割開了。

她的心就在那兒，有我從未見過的悸動。我從不知道心臟可以如此澎湃。若你用手觸摸胸膛，可以想像它些微鼓動的樣子，但那基本上仍然像是手在鍵盤上輕敲摩斯電碼。但在這裡，心狂亂鼓動著：這是部綜合的機器，是一隻在洞穴中蠕動的鼬，是剛從「價廉物美」秀（*The Price Is Right*，譯註：美國哥倫比亞廣播公司電視節目）贏得龐帝（Pontiac）新車的外星人。如果你在找人體中生氣充沛的靈魂歸屬，我可以想見那就在心臟，原因很簡單，因為它是生命最蓬勃旺盛的器官。

「猶他州」用夾子夾住H的心臟，止住血流以作切割準備。你可以從生命跡象監測器看出她的身體正經歷巨大的轉變。心電圖不再畫出尖銳的線條，反而看起來像是學步娃娃在畫板上的塗鴉。血突然湧出，噴濺到猶他州的眼鏡上，再往下滴。如果H還沒死，現在就會是她死亡的時刻。

凱斯西保留地大學醫師訪問移植手術專家的報導指出，就是這一刻手術房的工作人員感應得到房內某種「存在」或「靈魂」。我試著伸出自己的心靈天線，廣泛接收感應；不過我一無所獲。我六歲的時候，曾用盡心靈力量讓我哥哥的美國大兵娃娃向他移動。這就是我所有超感覺經驗的下場：什麼也沒發生，徒留自己對這嘗試感到無比的愚蠢。

以下是令人極為不安焦慮的一幕：心臟從胸腔移出後，依然跳動不止。艾倫坡（E. A. Poe）下筆書寫〈洩密的心臟〉（The Tell-Tale Heart）時瞭解此點嗎？這些獨立心臟的力量如此炙烈旺盛，連外科醫生也有失手讓它們掉落的時候。「沖洗一下就沒事了，」當我向紐約移植醫生歐茲（Mehmet Oz）查證此事時，他這樣回答我。我想像心臟在帆布上滑行，醫生交換驚慌的眼神，急忙撿起加以清洗，好像在挽救餐廳廚房中從盤內滾落的香腸。我想，我之所以問這些事情，是想讓幾近上帝的行為能更人性一些；畢竟這是將活生生的器官從人體中取出，放在另一副軀體內續存。我也問醫師是否將器官受贈者原本受損的心臟保留起來，供病患留念。沒想到（至少對我而言），只有極少數人希望目睹或保存自己的心臟。

歐茲告訴我心臟在切斷血源後尚可持續跳動一兩分鐘，直到細胞因為缺氧開始鬧飢荒。就是如此現象使得十八世紀的醫學哲學家大感振奮：如果靈魂是在腦中，而非當時許多人所相信的心，那心臟是如何在與靈魂斷絕後，繼續在體外跳動呢？

懷特（Robert Whytt）尤其著迷於思索這項問題。從一七六一年起，懷特就是英國國王的私人醫師，他必須在國王偶爾出巡至北蘇格蘭時隨侍在旁。[5]當他不需為國王的膀胱結石和痛風忙碌時，多在實驗室中忙著取出活青蛙和雞的心臟，還有將唾液淌滴至斷頭的鴿子心臟上，希望再次使之跳動。像這種令人永生難忘的一幕，若是你為懷特著想，最好祈禱風聲不會走漏到國王那兒。懷特只是一群好奇醫學頭腦中的一員，這些醫師嘗試用科學實驗確定靈魂位置和性質。從他一七五一年的著作《傑作》（*Works*）中對此議題的討論看來，他並沒有在「心還是腦」的論辯中選邊的意圖。心臟不可能是靈魂蜷曲之處，因為懷特將鰻魚的心臟割除後，這隻殘存的生物依舊能「賣力」移動。

看起來腦也不大可能是活潑心靈的停泊港，因為經過觀察後，動物即使未得到腦的幫助，也能好端端地活上一段時間。懷特寫到一位名叫雷迪（Redi）的男子所從事的實驗，他發現「在一隻陸龜的顱骨上鑽洞，抽出腦部後，牠還從十一月初活到隔年的五月中」。[6]懷特本人則宣稱能用「保溫的方式」，使一隻小雞在被「一雙剪刀」斷頭後，心臟仍在胸膛內持續鼓動兩小時。接著還有卡烏醫生（Kauu）的實驗。懷特寫著：「當公雞正急切地奔向飼料之時，卡烏醫師倏忽之間將小公雞斬首……但牠繼續直線奔跑了二十三萊茵呎，而且若不是因為遭遇阻擋，還可跑得更遠。」這對家禽類的小動物來說，可真是一段難捱的歲月。

懷特開始懷疑靈魂在身體內並沒有安居的定所，反倒是四散各處；所以截肢或是器官取出後，一部分的靈魂遂隨之出走，離開本體的器官還能持續一段時間的生命力。這就可以解釋為何鰻魚的心臟能在體外跳動。另外，如懷特所引述的「耳熟能詳的故事」，這也就是為何「一個罪犯者的心臟，被從體內挖出擲進火堆中後，數度高彈躍起」。

懷特也許從未聽過「氣」(Chi或qi)，可是他所主張的靈魂不散，和古老東方醫學哲學倡言的生命能量循環不盡有異曲同工之妙。氣是什麼？針灸師傅可用針灸重新調節；狂妄的治療者宣稱可加以控制以治癒癌症，還在電視機前誇口可以拿來將人撂倒。亞洲出現數十份記載生命循環能量效果的科學研究，許多氣功研究資料庫中都找得到文獻摘要，我在幾年前撰寫有關氣的文章時曾經瀏覽過。全中國，乃至於日本，都可看到氣功治療者站在實驗室中，把手掌置於腫瘤細胞培養皿裡為胃潰瘍所苦的老鼠（「老鼠和手掌間的距離是四十公分」）之上，甚至一項超現實的科學試驗中曾治療三十公分長的人類腸子。這些研究鮮少經過精密控管，原因不是出自於研究者的鬆懈，而是傳統上東方科學就是如此。

唯一經過同儕評判、試圖證明生命能量的西方研究，是由名為貝克（Robert Becker）的骨科和生物醫學電子專家所進行，他在尼克森訪問中國後開始對氣產生興趣。尼克森對傳統中醫診所印象深刻，因而敦促國家衛生研究院（National Institute of Health）獎助相關研究。貝克名列其中。貝克假設氣可能是存於人體神經系統脈動之外的電流，著手測量身體針灸經絡的傳送效果。果然，這些經絡傳遞電流的效率比神經更佳。

而就在一百多年前，大名鼎鼎的愛迪生（Thomas Edison）則想出另外一種通體的靈魂概念。愛迪生相信生物是由「生命單位」（life units）控制和激發：這些生命單位是居住在每一個細胞中連顯微鏡也難以觀測的微小存在，生命消逝的剎那，會從原居地遷離，漫無目的地飄蕩一陣子，最後又匯聚在一塊兒重新激發另一個生命——可能是另一個人，也可能是頭豹貓或是海參。就像其他具備科學訓練、但行徑古怪的靈魂推敲者，[7]愛迪生嘗試藉由實驗證明其理論，他在《日記和觀察隨筆》（*Diary and Sundry Observations*）中記載一套「科學儀器」（scientific apparatus）計畫，專門與這些酷似靈魂的生命單位聚集體溝通。「為什麼另一國度和空間的人要將時間浪費在刻有字母的木板和小三角形木片上呢？」他寫道，這指的是當時靈媒界盛行的扶乩板。愛迪生的猜測是生命單位實體會釋放出某種「靈妙能量」，而人們只需擴大這種能量即可溝通。

根據一九六三年《宿命》（*Fate*）期刊上的一篇文章（由孜孜不倦的愛迪生傳記作者以色列爾〔Paul Israel〕所提供），愛迪生在這套儀器尚未完成前就過世了，但是多年來一直傳言藍圖還存在。後續故事如下：一九四一年的一個好日子，奇異電器（General Electric）發明家萊特（J. Gilbert Wright）決定用最接近愛迪生發明的改版——一場降靈會和靈媒——聯絡這位偉大的發明家，探出到底是誰擁有藍圖。「你可以試試紐約班赫斯大道一百六十五號的法斯（Ralph Fascht），整合愛迪生公司（Consolidated Edison）的剛瑟（Bill Gunther），或是最好試試西五十八街一百五十二號的艾利斯（Edith Ellis）。」這是那頭傳來的答案。這不只證實了靈魂的存在，也證實了隨身地址簿的存在。

萊特追查艾利斯的下落，她建議他尋訪布魯克林的懷恩（Wynne）指揮官，據傳他擁有藍圖的線索。這位神祕的懷恩指揮官不只擁有藍圖，還宣稱製作並測試過這項發明。可惜的是，他無法成功，萊特也徒勞無功。你不妨也比照製作，試用一下，因為《宿命》雜誌中附了仔細標註的神奇機械圖（內有「鋁製擴音器」、「木栓」、「天線」）。萊特和一位同事葛德納（Harry Gardner）努力不懈，繼而創造他們自己的發明——一架「靈氣喉舌」（ectoplasmic larynx），由麥克風、喇叭、「音箱」和一位極具耐心的靈媒所組成。萊特利用這座「人造喉」聯絡愛迪生，顯然愛迪生在死後沒有比和狂人閒聊更好的事可做，因為他在改進儀器上大方提供了有用的祕訣。

既然我們討論到這些理當思路清晰、但私下卻著魔於細胞靈魂領域的奇人，讓我透露一項由美國軍方資助並進行的計畫。在一九八一年到一九八四年間，美軍情報和安全指揮部（Intelligence and Security Command/INSCOM）是由少將史塔柏賓三世（Albert N. Stubblebine III）所主持。在他任期的某個時刻，他委派一位高級副官複製巴克斯特（Cleve Bacter，即測謊器的發明者）的實驗，顯示人類細胞從人體取出後，仍和「母體」有某種形式的聯繫和溝通。研究中，細胞從自願者的臉頰內側被取出，經離心分離後放至試管中。試管中電極的資料連接到測謊器，透過心跳率、血壓、流汗等症狀測量情感起伏。（到底要如何在含混如漿的臉頰細胞上測得生命跡象，我無法得知，不過這可是軍方呢，他們深諳各種高度機密。）所以自願者被護送到走廊底的房間，遠離取出的臉頰細胞，並觀賞一段內含不明暴力場景的煽動性錄影帶。據說，當細胞母體在觀看錄影帶的同時，被分離的細胞呈現極端焦躁的狀態。實驗在接下來的兩天以不同距離反覆進行，甚至相隔八十公里之遠，細胞仍然感受到主人的錐心之痛。

我很想讀一讀這項實驗的報告，所以我致電美軍情報和安全指揮部。我的電話被轉接到歷史部門的一位先生那兒。起先這位歷史學者說美軍情報和安全指揮部不保留年代那麼久遠的紀錄。但我不需要任何人的臉頰細胞就知道他在說謊，這是美國政府耶！打從開國起，他們就保存所有的東西，每樣複製三份。

這位歷史學者解釋史塔柏賓將軍最主要的興趣，並不在於細胞是否隱含某種生命單位、靈魂或是細胞記憶，而是在於「遙視」（remote viewing）的現象，意即你可以坐在書桌前，從遙遠的時間空間中喚出影像，像是你遺失的袖釦或是伊拉克軍火儲藏地點，要不就是巴拿馬軍事強人諾瑞加（Manuel Noriega）將軍的祕密通道。（有一段時間確實有軍事遙視隊的存在；中情局也曾和遙視特異功能者簽約。）當史塔柏賓退役後，在一家名為「Psi Tech」的民間公司擔任董事會主席，透過這間公司你可以雇用遙視者滿足你所有遙距定位的需要。

請讀者見諒，我已經忘形地偏離正題，但無論我身在何處，感覺如何，我知道在八十公里內，只要是我的臉頰細胞，感受都一樣。

現代醫學大體上對於腦部是靈魂居所沒有異議，是生是死，由腦掌控。同理，像H這樣的人雖然胸骨之下生命蓬勃，但毫無疑問，她已經死亡。我們知道心臟並非因為靈魂逕自持續跳動，而是因為它有獨立於腦外、屬於自己的生物電能源。一旦H的心被植入他人胸腔，新身體的血液開始流通，它就會重新開始跳動——無須移植受贈者的腦部指令。

法律界則比醫界多花了一點時間才接受腦死的觀念。一九六八年，《美國醫療協會期刊》（*Journal of the American Medical Association*）刊登了哈佛醫學院腦死定義臨時調查委員會的報告，其中主張不可逆的昏迷狀態（irreversible coma）亦符合死亡的新標準，為器官移植的道德訴求鋪路。直到一九七四年法律才跟上腳步，一件詭異的加州奧克蘭謀殺案審判使此議題白熱化。

兇手萊恩斯（Andrew Lyons）在一九七三年九月朝著一名男子的頭部開槍，造成受害人腦死。當萊恩斯的律師發現受害者親屬將其心臟捐作移植之用，他們以此當作萊恩斯的辯詞：他們堅持，如果手術當時心臟仍在跳動，萊恩斯怎麼可能在前一天犯下謀殺呢？他們試著說服陪審團，就技術上而言，萊恩斯並未謀殺這名男子，器官回收醫師才是真兇。史丹佛大學（University of Stanford）心臟移植先鋒舒偉（Norman Shumway）曾為此案作證，據他所言，法官終於忍無可忍，通知陪審團判定死亡的標準是由哈佛委員會制定，請陪審團將此列入考量。（《舊金山紀事報》〔*San Francisco Chronicle*〕刊登的受害者腦部「從顱骨中滲出」的照片，大概對萊恩斯沒什麼幫助。）最後，萊恩斯的謀殺罪名成立。根據此案的結果，加州立法通過腦死為死亡的合法定義。其他州迅速跟進。

萊恩斯的辯護律師不是第一個在移植醫師將心臟自腦死病人體內取出時高呼謀殺的人。在心臟移植的早期，舒偉在聖塔克萊拉（Santa Clara）郡工作時，作為首位付諸行動的美國醫生，經常得領教驗屍官的斥責。那位驗屍官並不接受腦死的死亡概念，並威脅舒偉，如果他真的一意孤行，將腦死病人的心臟拿去挽救另一人的生命，他將會提起謀殺訴訟。雖然驗屍官的威脅沒有法律根據，舒偉也照做不誤，但媒體依舊大肆炒作一番。紐約心臟移植醫師歐茲回憶當時的布魯克林區檢察官也作出相同的威脅。「他說他會起訴並逮捕任何膽敢進入他的轄區摘取心臟的醫師。」

歐茲解釋，要是有一天某個尚未真正腦死的人的心臟被摘除，麻煩就來了。醫學界中有些罕見案例，在經驗不足或診斷疏忽的情況下，有可能形成腦死的誤判，而法律界不信任醫學界可以做到零失誤的地步。雖然機率微乎其微，他們的憂慮不無道理。比如閉鎖症（locked-in state）就是一例。在這種疾病中，從眼球到腳趾的神經，毫無預警地瞬間失去功能，結果是全身癱瘓但意識清楚。病人可以聽見周遭的一字一句，卻說不出他仍活著、喊出絕不能把他的器官捐作移植。在數件案例中，連控制瞳孔大小的肌肉都不管用了。這無疑是雪上加霜，因為慣常測試腦死的方法就是以光照射病人眼睛，觀察瞳孔是否收縮。通常，閉鎖症的患者能完全復原，只要沒有人失策將他們推進手術房，取出他們的心臟。

就像十九世紀讓法德人民飽受折磨的活埋陰影，對活體器官收割的恐懼幾乎毫無根據。不過，一項簡單的腦電波就可預防閉鎖症或是類似病症的誤診。

理智層面上，大部分的人可以坦然接受腦死和器官捐贈的觀念；但是情感層面上，要真心接納就困難多了，特別是當他們被移植顧問詢問是否願意將親人的跳動心臟捐出之時，五四%的親屬會回絕。「他們無法克服的恐懼是，他們至親的生命是在心臟移除時才算真正的終結，不管這種想法有多麼不理性。」歐茲說。他們怕的是，親手結束摯愛家人生命的人其實是他們自己。

連心臟移植醫師有時候都難以克服心臟不過是幫浦的想法。當我問歐茲他認定的靈魂駐地，他說：「我向妳透露，我一點也不認為是腦部。我必須說，我們存在核心的許多面向是在心臟中。」這代表他認為腦死的病人其實尚未死亡？「毫無疑問，沒有腦功能的心臟亦失去價值，但是生和死並非一分為二，」它們彼此延續。有許多理由必須在法律上畫出腦死這條線，但那並不表示這真能界定生死。「在生死之間是瀕死的狀態，或是假性生命。而大部分的人不願面對含混不明的狀態。」

如果腦死的心臟捐贈者確實還擁有比組織和血液更崇高的東西存在、某種靈魂的遺跡，你可以想像這心靈遺跡會隨著心臟旅行至受贈者的體內，另起爐灶。歐茲曾經收到一封移植病患的來信，描述在手術後不久，他開始經歷一些事物，而只有和先前心臟主人間的某種感應才解釋得通。外號「麥得歐」的麥可・惠特森（Michael "Med-O" Whitson），允許我引述其信件：

> 我的敘述並無不敬，我也明白這或許出自於用藥或是個人投射的幻覺，而非被捐贈者的心臟產生的意識所影響。我明白這是危險的揣測……。
>
> 首先我感觸到的……是死亡的憂懼，那種極度的突兀、震驚和訝異……。時辰不到生命就被奪走的恐懼，被劫掠一空的感覺……。這次和另外兩次的事件是我生命中最可怕的經驗……。

第二次席捲我的感覺是捐贈者的心正從胸腔中取出並移植。有一種受神祕、全能的外在力量侵略的刻骨銘心……。

……第三件事件和前面兩次截然不同。這次是捐贈者心臟在當下的意識……他正竭力找出他在哪裡，甚至他是什麼……好像你的五官都失去作用……一種完全迷失而產生的極端恐懼……好似你伸出手想要抓住些什麼；可是每次你伸出手指，最後握住的只是空氣罷了。

當然，一個叫麥得歐的男人不會進一步提出科學驗證。在這領域向前跨進的研究是由一九九一年一群維也納醫師和心理學家進行。他們訪問四十七位心臟移植病人，詢問他們是否經驗人格上的變遷，並且認為這和移植的心臟以及前一位擁有者的影響有關。四十七位中有四十四位說沒有，雖然身處維也納精神分析傳統中的作者群費心指出，許多人以敵意或玩笑回應這項提問，從佛洛伊德觀點來看，這正代表他們對這問題有某種程度的抗拒心理。

三位病人給予肯定的回答，但他們的經驗無疑比惠特森的描述還來得平庸。第一位是個接受了十七歲男孩心臟的四十五歲男人，他告訴研究者：「現在的我喜歡邊戴耳機邊聽吵鬧音樂，從前我不曾如此。買部新車，好音響，是我現在的夢想。」其他兩個人則較不明確。其中一人只描述心臟的前任主人是個冷靜的人，而這些冷靜的感受延續到他身上；另一人感覺他在過兩個人的生活，常以「我們」，而非「我」回答問題，但是沒有描繪新人格的特徵，或是音樂偏好等細節。

欲知精采細節，我們看看《心靈密碼》（*The Heart's Code*）的作者皮爾梭（Paul Pearsall）怎麼說。（他的另外兩本著作是《超級婚姻性愛》〔*Super Marital Sex*〕和《超級免疫性》〔*Superimmunity*〕）。皮爾梭訪談了一百四十位心臟移植病患，並引述其中五位的說辭作為心臟有「細胞記憶」的證據，以及其對心臟受贈者的影響。有位女士的心臟捐贈者是名背後中槍的同性戀強盜，她接受移植手術後，突然喜好打扮得花枝招展，背後並常感到「劇痛」。還有一個中年男子接受一名青少年的心臟後，常有「發動音響，大聲放搖滾樂」的衝動——我馬上將此視為心臟移植的都會傳奇。我最喜歡的案例還是一位接受了妓女心臟的女士，突然間開始著迷於色情錄影帶，要求每晚和丈夫做愛，還為他上演脫衣舞。當然，如果這名女子得知心臟來自妓女，行為產生這樣的變化，就沒什麼好大驚小怪；但皮爾梭並未註明女子是否知道捐贈者的行業（或是，在此案中，作者是否在訪談前先行寄給她一本《超級婚姻性愛》）。

皮爾梭並不是醫生，至少不是醫界的醫師；他是個雜牌醫師，拿到博士學位，就將自己的姓名冠上頭銜，放在坊間心靈雞湯類的書封上。我發現他在任何「細胞」記憶方面的證據皆非常可疑，都是粗糙、甚至荒謬的刻板印象：女人想要變成妓女，因為她們性欲強烈；同性戀男人——同性戀搶匪也一樣——喜歡作陰性打扮。但是請讀者謹記，根據皮爾梭的心臟能量振幅測驗，我屬於「憤世嫉俗，不信任他人動機」的類型。

接受我訪談的移植醫生歐茲，也非常好奇心臟移植病人宣稱擁有捐贈者記憶的現象。「有一個傢伙，聲稱『我知道誰給了我這顆心。』」他告訴我：「他詳細描述在車禍中死亡的年輕黑人女子，『我在鏡中看到自己沾滿血的臉龐，我在嘴中嘗到薯條的味道。我看到我是黑人，我出了車禍。』我覺得毛骨悚然，回去查證，發現捐贈者是個上了年紀的白種男人。」有沒有其他病人聲稱感應到捐贈者的記憶，或是知道捐贈者生前的特殊細節呢？有的，「但全都是錯的。」

我與歐茲面談過後，繼續追蹤另外三篇文章，都和接受他人心臟後的心理作用相關。我發現，幾近一半的移植病患多少都出現手術後心理問題。羅許（Rausch）和寧（Kneen）描述病人對於移植手術的後果極度恐慌，害怕和原本的心臟分離將招致靈魂喪失。另一篇報告則呈現病人堅稱他移植的心臟是顆雞心的案例。至於他為何如此認為，則沒有進一步的說明，也沒有提及他是否接觸過懷特的著作。不過此書至少能提供些許慰藉，因為他的實驗指出雞心就跟他們的心臟如出一轍，在斬首後仍能跳動數小時——這總是個優點。

承繼心臟捐贈者的癖好總是令人憂心忡忡，尤其是當病人接受了、或自以為接受了不同性別或性取向的捐贈心臟。根據泰伯勒（James Tabler）和佛利爾森（Robert Frierson）的研究，受贈者經常煩惱捐贈者是否「濫交或性欲過強，是同性戀還是雙性戀，極端陽剛或陰柔，或是受某種性失調所苦。」他們曾和一名男子談過，該男人奇想他的捐贈者性欲「威名遠播」，而他不得不效仿前人。羅許和寧形容一位四十二歲的消防員擔心在接受不知名女子的心臟後，會減損男子氣概，和消防弟兄格格不入。（歐茲向我解釋，男人的心臟真的和女人的有些微差異。心臟科醫師可以透過心電圖分辨兩者，因為跳動間距略有不同。當你將女子心臟植入男人時，它仍會持續以女人心臟的方式跳動。反之亦然。）

由卡夫特（Kraft）的報告中看來，當男人相信他們的心臟來自另一個男子時，多半也相信捐贈者是個猛男，不單如此，其勇猛也傳承到他們身上。移植病房的護士經常評論到男性的移植病患如何重燃對性的興趣。一位護理人員報告病人要求她「穿些護理服以外的東西，好讓他瞧瞧她的胸部」；一個手術前已經性無能七年時間的病患，手術後被發現握著陽具炫耀勃起；另一位護士談及病人任由睡衣的鈕釦敞開，展示其陽具。泰伯勒和佛利爾森下結論：「這種非理性但普遍的信仰，認為受贈者會發展出捐贈者的性格通常是過渡性的，性愛模式卻可能改變……」讓我們期盼那位自認有顆雞心的男子幸運地娶到充滿耐心、態度開放的配偶。

H的器官摘取快要接近尾聲。最後要被取出的器官是腎臟，它正被由敞開的體腔深處提起。她的胸腔和腹腔塞滿了被鮮血浸染的碎冰。「像櫻桃糖漿（Sno-Kone），」我在筆記本中寫下這幾個字。已經快要四小時了，H看起來漸漸像具傳統的屍體，切口邊緣的皮膚變得乾燥、模糊不清。

腎臟置於盛著冰塊和灌注液的藍色塑膠碗中。換班的醫師抵達，接手回收的最後步驟，將需要的血管和動脈切下，和器官一併收妥，就像是毛衣上附帶的備用鈕釦，以免原先連接在器官上的血管過短，無法進行移植。半小時後，換班醫師讓邊，住院醫師過來縫合H。

當住院醫師和波索醫師談到縫合細節時，他戴著手套的手撫著H手術切口邊的脂肪，輕拍了兩下，好似在安慰她。當他繼續工作時，我問他和死去的病人共事是否比較困難。

「沒錯，」他回答：「我的意思是，要不然絕不用這種縫法。」他在縫線間留下較大的空隙，線圈也粗糙可見，而非活人身上緊密隱藏的縫線。

我換個方法問：在失去生命的人身上動手術是否感覺奇特呢？

他的回答讓人驚訝：「病人早已失去生命。」我想醫師習於只將病人——尤其是素未謀面的病患——視為他們眼前見到的部分：某一區塊的裸露器官。就這點而言，我想你可以說H已經失去生命。除了切開的軀體，其他的部分皆被掩蓋，也因此年輕的醫師從未見到她的臉，亦不知道她是男是女。

當住院醫師縫合的時候，護士拿著夾具，將垂懸散落手術桌的皮膚和脂肪夾起，放回體腔內，好像H是個現成的垃圾桶。護士解釋這是刻意的程序：「所有未捐出的東西都要歸還給她。」就像把拼圖片放回到盒子裡面。

縫合完成，護士將H洗淨，用毯子覆蓋，準備送至停屍間。不知是出自習慣還是尊重，他選了條新的毯子。籌畫移植的皮特森和護士兩人將Ｈ抬至擔架車上。醫師將Ｈ推進電梯中，下樓到通往停屍間的走廊。工作人員在兩面推門後方的房間中。「我們能不能把這個留在這裡？」他喊道。Ｈ已經變成「這個」。工作人員指示我們將擔架推進冰庫，裡面還有另外五具屍體。Ｈ看來和其他遺體沒有兩樣。[8]

但Ｈ是不一樣的。她現在使三個病人好轉，她延長了他們在地球上的生命。一個死亡的人能做出這樣宏偉的貢獻，這是多麼了不起。大部分的人活著的時候都沒有這般成就。像Ｈ這樣的屍體是死亡界的勇者。

有八萬人在心臟、肝臟和腎臟捐贈的等待名單上苦候，一天有十六人不堪等待而死亡，而超過半數和Ｈ家屬有一樣處境的人卻拒絕器官捐贈，寧願讓器官焚燒腐爛。這讓我心驚，也讓我哀痛。我們寧願挨刀挽救自己的生命，挽救摯愛親人的生命，但是不願挽救陌生人的生命。Ｈ沒有心，但是你不會說她無情無心。

註釋

1 我在網站上讀到，這是「鈴聲一響，得以倖免」(Saved by the bell.) 一說的由來（編按：應出自拳擊術語，在被擊倒後如鈴響回合結束，則可倖免於敗）。不過計算一下，二十年來在「等待停屍間」待過的百萬具遺體裡面，恐怕也沒有一具甦醒過來。如果有鈴聲驚動看管人（這不是不常見），也是因為屍體腐敗時出現的移位和崩解。這就是「鈴聲一響換工作」(Driven to seek new employment by the bell) 一說的由來，現在不大聽得到這樣的說法，也許也不可能聽到，因為這是我瞎掰的。

2 既然我與諸位在雞尾酒會上相遇的機會渺茫，而我將談話內容繞著擴張器轉的機會又更加渺茫，容我藉此機會分享新知：最早的擴張器可追溯自希波克拉底年代，並且是直腸專用。要再過五百年陰道擴張器才初次登場。葛利格醫生推論這是因為當時通行的阿拉伯醫學中，女人只能由女人檢驗，而女性檢驗者卻少之又少。這意味希波克拉底時代的大部分女性從不去看婦科醫生。不過，聽說希波克拉底婦科醫療櫃收藏了牛糞子宮托和燻蒸消毒材料等等「濃烈惡臭」的器材——更別提直腸擴張器了——光是這點，當時女性還是敬而遠之為妙。

3 這實在是我們的福氣，不然今日的我們就要面對席琳·狄翁高唱〈我的肝屬於你〉(My Liver Belongs to You)，還有戲院放的歌成了〈肝是孤獨的獵人〉(Liver Is a Lonely Hunter)。每首歌詞裡有「心」(corazón) 這個字的西班牙文歌曲——說穿了就是所有的西班牙歌曲——會變成看來不那麼活潑的「肝」(higado)，保險桿上的貼紙也會宣揚，「我北京狗」，而非「我♥北京狗」了。

4 我也沒聽過這個人。

5 這不重要，因為懷特的約診中沒有別的病人，就只有他自己。根據法蘭區（R. K. French）所著的懷特傳記（收錄於波英特醫師〔F. N. Poynter〕編纂的英國維爾康醫史研究所〔Wellcome Institute for the History of Medicine〕叢書中），懷特飽受痛風、腸痙攣之苦，另外還有「經常性脹氣」、「胃失調」、「胃脹氣」、惡夢、眼花、昏暈、沮喪、糖尿病、大小腿膚色變紫、「帶濃痰」的咳嗽，而且，根據懷特的兩位同事的說辭，他還有憂鬱症。當他於五十二歲辭世時，他胸腔中有「五磅液體，為混著藍色的凝膠狀物質」，「胃黏膜上有先令硬幣大小的紅點」，胰臟中還有結石。（這就是讓醫師寫傳記的下場。）

6 到底這些實驗是怎麼一回事呢？很難說。也許是因為腦幹或是骨髓仍然存留。也許雷迪醫生在前一年的十一月，也把自己的腦從顱骨上的洞抽取出來了。

7 人們很難相信愛迪生是個怪人，但我以他日記中論人類記憶的段落為證：「我們自己不懂得記錄。我們體內的一群小矮人替我們記得。他們住在腦中稱為『布洛卡言語區層』(fold of Broca)中……差不多有十二到十五個班次輪流工作，就像工廠中的工人……所以，看來要回想起某件事就必須和當時值班的工人取得聯繫。」

8 除非H的家人打算辦場開棺裸體喪禮，否則沒有人會知道她的器官已被移除。只有進行腿部和手臂骨骼的組織移植摘採時，遺體外貌才會稍有改變，這種情形下會植入聚氯乙烯管或是暗釘以恢復外形，這樣不但殯儀館的工作人員做事會容易些，其他需要搬動屍體的人也不需面對麵條般軟綿綿的遺體。

9 不過是顆頭顱

斬首、復活和頭顱移植

如果你真的想確認人的靈魂寄居在腦中，不如割下一個人的頭顱，親自問問它，而且不能拖拖拉拉，因為缺乏血液輸送的人腦在十至十二秒後便陷入無意識狀態。你還必須引導頭顱的主人以眨眼方式示意，因為一旦與肺部分離，空氣沒有辦法被引至喉嚨，就無法說話了。這不是不可能。如果這位人士斷頭後看起來仍是同一個人，也許稍露驚慌的神色，那你就能肯定，自我的確盤據在腦中。

一七九五年的巴黎，一場十分接近以上描述的實驗幾乎成真。就在四年前，斷頭臺（guillotine）剛取代繩套，正式成為劊子手的行刑工具。這個裝置是以吉約丹博士（Joseph Ignace Guillotin）的姓氏命名，雖然他並不是發明者。至於他為何推廣斷頭臺，不過是因為這斷頭機械（他比較喜歡這稱呼）可瞬間致命，因此也是比較人性化的極刑手段。

他曾寫道：

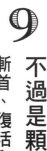

您知道當斷頭臺上的頭顱從身體落下時，感覺、性格和自我是否瞬即廢止，還沒有定論嗎……？您難道不知道，腦是感覺和認知之所在，而這意識的所在在血流阻斷後仍可繼續運行嗎……？所以，只要腦部還有生命力，受刑人就仍有存在的意識。謹記哈勒（Albrecht von Haller，1708-1777。譯註：研究呼吸、骨骼生長、胚胎、消化的醫生，著有《生理學綱要》。）堅持曾有一個人身首異處後，其頭顱向現場將手指插進他脊椎管（rachidian canal）的醫師齜牙咧嘴……再說，可靠的目擊者向我保證，他們曾看過和軀幹分離的頭顱磨牙。而我確信如果空氣仍能在發聲器官流通……這些頭顱必能開口說話…………斷頭臺是項可怕的酷刑！我們必須回歸絞刑。

這是一封在一七九五年十一月九日發表於巴黎《探測報》（*Moniteur*）的信件（後來收錄於蘇比杭〔André Soubiran〕所著的吉約丹傳記中），由備受敬重的日耳曼解剖學家索門苓（S. T. Sömmering）所寫。吉約丹慌了，巴黎醫學界騷動不止。巴黎醫學院（Paris School of Medicine）的圖書館員蘇伊（Jean-Joseph Sue）和索門苓達成協議，宣布他相信頭顱能聽、能聞、能看、能思考。他並試著說服同事進行實驗，在「屠宰受刑人前」，讓這不幸傢伙和幾個朋友先行安排好眼瞼和下巴的暗號，這樣行刑後就可知道頭顱是否「清楚感受痛苦」。蘇伊的醫學界同事斥此提議恐怖荒謬，實驗就此停擺。然而，活人頭的概念廣為人知，甚至遍及流行文學。以下是一對虛構的劊子手之間的對話，出自大仲馬（Alexandre Dumas）的《一千零一幽魂》（*Mille et Un Phantomes*）：

「你相信上了斷頭臺後他們就死了嗎？」

「無庸置疑！」

「哼，誰都看得出來你沒去瞧過它們全在簍筐裡一塊兒的模樣。你從未見過它們在行刑後還轉動眼珠子、磨牙磨上五分鐘的樣子。我們每三個月就得換簍筐，底部都被它們磨光啦。」

在索門苓和蘇伊發表共同聲明後不久，巴黎官方劊子手的助理，同時也是一百二十場斷頭的目擊者馬汀（George Martin）接受了訪問，談論關於頭顱和其行刑後的活動。蘇比杭的著作提到馬汀支持瞬間死亡的立場（一點也不令人意外）。他宣稱他檢視過在行刑後不到兩秒鐘的一百二十顆頭顱，它們總是「眼神凝滯……眼瞼全然不動。嘴唇發白……」醫學界在此放下心頭大石，一場爭議終於平息。

但是法國科學和頭顱的牽扯還有後續發展。一個名為勒加勒瓦（Legallois）的生理學家在一八一二年的一篇報告中推測，如果人格果真駐留在腦中，那麼將含氧的血注射入被切斷的腦動脈中，應有可能復甦「與軀幹分離的腦袋」（une tête séparée du tronc）。「如果一位生理學家在受刑人上斷頭臺、頭顱落地的一剎那即刻進行這項實驗，」勒加勒瓦的同事弗皮安（Vulpian）寫道：「他可能要目睹駭人的景象。」理論上，只要血流輸送持續，頭顱就能聽能看能聞，還會思考（磨牙、轉眼珠、咬蝕實驗桌），因為所有頸部以上的神經仍完好無缺，仍與頭部的器官和肌肉相連。頭不會說話，因為先前提到的喉嚨功能失效，但是從實驗者的角度來看，這也不見得是樁壞事。勒加勒瓦既沒有資源，也沒有膽量實際完成實驗，不過其他研究者可就不會打退堂鼓。

一八五七年，法國醫師布朗—賽加爾（Brown-Séquard）將一隻狗的頭切下（「我將一隻狗斬首……」），以觀察是否能以含氧血動脈注射將之復甦。頭與頸不再常相左右後的第八分鐘，注射開始。兩三分鐘後，布朗—賽加爾注意到眼睛和臉部肌肉的運動呈現有意志的活動。顯然這小動物的腦中有些不尋常的事情發生。

隨著巴黎斷頭臺頭顱數目穩定成長，在真人身上試驗是遲早的事。這項工作非一個人莫屬，此人以好用奇特手法多次復甦死屍闖出名號（可能是各種名號）。這人就是前面提過、倡言若要喚醒陷入昏迷而被誤判已死的病人，得採行持續拉舌術的拉柏德。一八八四年，法國政府開始提供拉柏德斷頭臺犯人的頭顱，好讓他檢驗腦部和神經系統的狀態。（這些實驗的報告刊登於多份法國醫學期刊，以《科學評論》〔*Revue Scientifique*〕為主。）大眾期待拉柏德能追根究柢所謂的「恐怖軼聞」(la terrible légende)——是否斬首後的頭顱真能意識到自己的處境（脫離軀體，落入簍筐），就算是一秒鐘也好。當頭顱送抵實驗室時，他會俐落地在頭骨上鑿洞，將針伸進腦中，試圖引發神經系統反應。他也按照布朗—賽加爾的指示，嘗試供應血流，復甦頭顱。

拉柏德的第一個實驗品是名喚康比（Campi）的謀殺犯。從拉柏德的描述看來，他不是典型的罪犯。他的腳踝細緻，雙手白皙、指甲修剪整齊。他的皮膚毫無瑕疵，除了左頰上的擦傷，拉柏德推測應為頭顱掉進簍筐時造成的。拉柏德通常不會費神形容實驗品特徵，只將它們稱作「新鮮遺體」(restes frais)，不過法文語調卻帶著愉悅活潑的烹飪氣氛，好像這是你在附近小酒館點的今日特餐。

康比的頭和身體浩浩蕩蕩抵達，而且還遲到了。在理想情況下，從斷頭臺沿著佛哥朗路到拉柏德實驗室的路程約需七分鐘。康比卻花了一小時又二十分鐘，原因出自拉柏德所稱的「愚蠢的法律」規定，在死刑犯的遺體尚未跨進市公墓門檻前，科學家不得使用。這表示拉柏德的駕駛得隨著頭顱完成「邁向蕪菁田的傷感旅程」(如果我對法文的瞭解正確)，然後才千里迢迢橫越市鎮回到實驗室。不用說，康比的腦老早就停止作用，遑論正常作用了。

關鍵的死亡後八十分鐘白白浪費，拉柏德一怒之下，決定移師墓園入口，內設實驗桌、五張凳子、蠟燭，還有必要器材的棚車。實驗品二號叫作加瑪瑜（Gamahut），這名字讓人難忘，因為他把自己的名字刺青在身上了。令人不寒而慄的是，加瑪瑜彷彿早已預知命運的殘酷，他在頸部還刺上自己的肖像，這枚刺青沒有軀體的輪廓，看起來就像顆懸浮的頭顱。

在進入棚車短短的幾分鐘內，加瑪瑜的頭被置於注滿止血劑的容器中，大夥兒開始工作，在頭骨上鑽孔，以針刺探腦部不同區域，看看能否從這名罪犯垂死的神經系統誘哄出什麼反應。能一面全速奔馳於鵝卵石街道上，一面施行腦部手術的能力，證實了拉柏德動手術的穩定性，和十九世紀四輪馬車的製造水準。倘若汽車製造商得知此事，也許會靈機一動，以鑽石切割工人，讓他安坐在平穩的奧斯摩比車（Oldsmobile）後座工作的廣告來促銷。

拉柏德小組讓電流通過針頭，而加瑪瑜的頭顱可想而知，在嘴唇和下巴處出現痙攣。他的眼睛還一度徐徐睜開，讓在場所有的人都驚愕得喊出聲來，他的眼神流露出令人同情的驚惶，彷彿試著瞭解他身在何處、而地獄究竟是個怎樣的奇特處所。不過當然了，由於已流逝的時間太長，這種動作可能只是反射動作。

到了第三次實驗時，拉柏德以賄賂來加速頭顱的抵達。第三顆頭顱來自名為嘉尼（Gagny）的男人，靠著當地一名市鎮局長的幫忙，在「剁」的一聲後不到七分鐘就已經抵達實驗室。頸部右側的動脈被注射含氧的牛血，然後，和布朗－賽加爾的方案有所不同的是，另一側的動脈被連接到活生生的動物上，是「一隻活蹦亂跳的狗」（un chien vigoureux）。拉柏德描述細節的文筆極佳，而當時的醫學期刊似乎也樂於接納。他花了一整個章節，精巧地形容頭顱如何直立在實驗桌上，在狗血注入造成脈動壓縮時輕微左右搖晃。在另外一章中，他不厭其煩地描述加瑪瑜排泄器官的死後遺物，雖然這和當下的實驗一點關係也沒有，他語氣興奮地註明胃部和腸空蕩蕩，除了尾端「一丁點塞住的排泄物」（un petit bouchon fécal）。

嘉尼的頭顱，是拉柏德恢復切下頭顱的腦功能最接近正常狀態的一次。它的眼瞼、額頭和下顎肌肉皆出現收縮，下顎一度因為猛烈閉合，產生「牙齒敲擊」（claquement dentaire）的巨響。然而，從下刀起到注入血液已有二十分鐘之久，而不可逆的腦死在六到十分鐘後發生，我們可以確信，嘉尼的頭顱無法被回復到任何接近清醒意識的狀態，他依舊幸福地對這令人頹喪的窘況毫不知情。另外一方面，那隻「狗」在其臨終前鐵定不那麼「活蹦亂跳」的數分鐘內，眼睜睜地看著自己的血液輸進別人的腦袋，一定也發出幾聲「牙齒敲擊」以表哀怨。

拉柏德很快就對頭顱喪失興趣，但是另一組人馬，法國實驗家阿彥（Hayem）和巴希葉（Barrier）則不敢懈怠。這兩人經營起某種農舍事業，將活馬和狗的血液輸進二十二顆狗的頭顱。他們在實驗桌上搭建了專門為犬類頸部打造的斷頭臺，接著發表論文專論斬首後的三段神經活動時期。吉約丹若是有機會讀到阿彥和巴希葉文章結論中有關斷頭後一開始的「抽搐」階段，定會大為懊惱。他們寫著，頭顱的臉部表達出驚訝和「劇烈的焦慮」（une grabde anxiété），好像對外在環境有三到四秒鐘的意識。

十八年後，一位名為波立爾（Beaurieux）的法國醫師確認阿彥和巴希葉的觀察，還有索門苓的懷疑。他把巴黎公共斷頭臺當作實驗室，對名為朗吉（Languille）的犯人頭顱進行一系列簡易的觀察和實驗，而且就在斬首利刃落下的剎那。

這是我在斬首的瞬間能注意到的：已遭斷頭的罪犯眼瞼和嘴唇都出現不規律的顫動，為時約五至六秒……（然後才）停息。臉部放鬆，眼瞼半覆，……正像我們這些人天天可見的臨終病患……就在此刻我使勁大叫：「朗吉！」接著我看到眼瞼緩緩上抬，沒有任何痙攣性收縮……就像日常可見的那些甦醒或是被喚醒的人。接著朗吉的雙眼緊盯我的眼睛，瞳孔聚焦。此時我面對的並非平日和重病者交談時他們那種模糊而呆滯的神情，而是炯炯活躍的眼神，定定直視著我。

幾分鐘後，眼瞼再次落下，表情又回到我叫喊其名之前的樣子了。就在此時，我又叫喊，這次一樣沒有痙攣現象，眼瞼徐徐上揚，那雙生氣勃勃的眼睛盯住我的神情恐怕比第一次還要敏銳……我嘗試作第三次呼喚；沒有進一步的反應——這時眼睛已經流露出死人呆滯的神情……

讀者當然知道這會導向什麼結論。頭顱移植。如果被稱為人格居所的腦部和其周圍的頭顱可以透過外在血液輸送維持功能的話，那麼何不做得徹底些，將它移植到呼吸的活體軀幹上，讓它有源源不絕的血液供應呢？暫且先讓我們飛快撕去月曆，讓地球加速快轉，來到一九〇八年五月的密蘇里州聖路易斯。

古瑟利（Charles Guthrie）是器官移植的先鋒。他和同事凱羅（Alexis Carrel）是最早精通血管接合的人士；也就是將一根血管毫無破綻地連接到另一根上。在那個年代，這項工作需要巨大的耐心和靈巧度，極細的縫線亦不可或缺（古瑟利曾經試著用頭髮縫合）。他們的技巧已達爐火純青，樂於從事各類接合工作，像是移植部分的狗腿和完整的前肢，乃至將多餘的腎臟置於體外保存，再縫進腹股溝。凱羅更因為其醫學貢獻獲頒諾貝爾獎；但是較為謙卑溫和的古瑟利就這樣被忽略了。

五月二十一日，古瑟利成功將一隻狗的頭顱銜接到另一隻的頸側上，創造了史上第一隻人造雙頭狗。動脈銜接使得完整狗隻的血流通至加裝的頭顱，再回流至完整狗隻的頸部、腦部，完成原本的循環。古瑟利的著作《血管手術和其應用》（*Blood Vessel Surgery and Its Applications*）中刊登了這史無前例生物的照片。若非照片註解，牠看來像是某種稀罕的袋類狗，像小狗龐大的頭部從母親育兒袋中伸出。移植的頭顱縫合在脖子底部，顛倒著，所以兩隻狗下巴抵著下巴，給人親密的印象，儘管可想而知這樣的共生關係是緊繃的。我想像古瑟利和凱羅當時的合照氣氛應該大同小異。

正如嘉尼的頭顱，從斬首到血液輸至頭腦之間已經流失太多時間（二十分鐘），狗頭已失去大部分的功能。古瑟利記載一連串原始動作和基本反射，和拉柏德與阿彥觀察到的相似：瞳孔收縮、鼻孔抽動、舌頭「激昂活動」。只有古瑟利實驗記錄的一項註解顯示顛倒的狗頭可能有意識到發生的事情：「五點三十一分：分泌眼淚……」兩隻狗在手術後約七小時併發症狀，被施予安樂死。

第一批真正享受到（如果這是正確的說法）腦部功能完全保留的移植狗頭，出現在一九五〇年代蘇聯移植專家戴米霍夫（Vladimir Demikhov）的移植手術中。戴米霍夫使用「血管縫合機」，將頭顱缺氧的時間減到最低。他移植了二十隻小狗頭顱，實際上還包括頭、肩、肺、前肢，外加清空的食道，一併接到成狗身軀的外部，觀察其行為和維持時間（通常是二至六天，但其中有長達二十九天的案例）。

在他的著作《重要器官的實驗性移植》（*Experimental Transplantation of Vital Organs*）中，收錄了一九五四年二月二十四日第二號實驗的照片和實驗紀錄：一個月大的小狗頭部和前肢移植至看來是西伯利亞雪橇犬的頸部。紀錄中描述移植的頭部就算不是很快活，也是個有小狗般輕快氣息的存在體：

> 早上九點。捐贈的頭部急切地喝水或牛奶，好像想掙脫受贈者的身體般拉扯著。
>
> 晚間十點三十分。當受贈者準備睡覺時，移植的頭部把工作人員的手指咬流血了。
>
> 二月二十六日晚間六點。贈與者頭部咬了受贈者耳背，以致後者叫囂甩頭。

戴米霍夫的實驗品常因排斥作用而喪命。抗排斥藥劑彼時尚未發明，狗的免疫系統自然會將移植到頸部的外接部分視為惡意的侵略者，並出現該有的反應。所以戴米霍夫碰了壁。在幾乎移植過狗身上的每一部位和實驗各種部位的組合後，[1]他關閉了實驗室，隱姓埋名去了。

如果戴米霍夫對免疫學有更多的瞭解，他的事業發展或許有所不同。他可能會瞭解腦部擁有所謂的「免疫特權」(immunological privilege)，而且可以靠其他身體的血液輸送存活數周，而不為排斥所苦。那是因為它受到「血腦屏障」(blood brain barrier）的保護，不似其他器官或組織會遭受排斥。古瑟利和戴米霍夫移植的狗頭顱在手術後一兩天內，黏膜組織即開始腫脹出血，但驗屍卻顯示腦部一切正常。

這就是事情益發詭譎的時候。

在一九六〇年代中期，一位名為懷特（Robert White）的神經外科醫生著手進行「獨立活體腦部」(isolated brain preparations）實驗：從動物頭顱取出活腦，接到另一隻動物的循環系統，使其存活。不似戴米霍夫和古瑟利的完整頭部移植，這些腦缺少顏面和感覺器官，生命僅限於記憶和思想。但想想許多狗兒和猴子的腦部是被植入其他動物的頸部和腹部，這不能不算可喜之事。當然對電視上的手術頻道而言，他人的腹部也許有些珍奇研究的價值，不過這不會是你想要定居並安享餘年的地方。

懷特想出如能在手術過程中冷卻腦部、減緩細胞損害的發生，就可以保存大部分器官的功能。這是今日常用於器官回收和移植手術的技術。這表示那些猴子的人格，或說是心靈、精神、靈魂，能在沒有身體、沒有五官的情形下繼續生活，朝夕隱匿在另一隻動物體內。那是什麼樣的情形？這樣的實驗有什麼目的？正當理由為何？懷特那時是否想過同樣將人腦孤立起來呢？是什麼樣的人會構想這樣的計畫並實踐？

為了一探究竟，我決定到克里夫蘭登門拜訪已經退休的懷特。我們預定在都市醫療中心（Metro Health Care Center）見面，樓上就是當年歷史性手術施行的實驗室，而今已像是光鮮的媒體照一般被供奉起來。我早到了一個鐘頭，於是花了些時間開著車在都市醫療大道上來回，想要找個歇腳處，點杯咖啡，複習懷特的論文。結果什麼也沒有，我只得繞回醫院，在停車場外頭的一片草坪坐下。我聽說克里夫蘭最近經歷了某種經濟復興，但顯然不在城鎮的這頭。老實說，這不會是我想要安度餘生的地方，雖然跟猴子腹部比起來已好很多，而且有些城鎮還沒得比較呢。

懷特陪著我穿越醫院的走廊和樓梯，經過神經外科部門，上樓來到了他的舊實驗室。他現在已經七十六歲，比當年操刀時消瘦，除此之外，歲月幾乎沒有在他身上留下痕跡。他的回應充滿耐心、但帶著機械式的語氣，就像一個人已經反覆回答相同的問題千百次。

「我們到了。」懷特說。門牌簡單註明著神經研究實驗室，除此之外便沒有透露更多的訊息。踏進門裡就像回到一九六八年，那時的裝潢不似今日以白色為主，一塵不染。檯面是暗沉的黑色石材，有一圈圈的白印，櫥櫃和抽屜皆是木製。久久無人打理，長春藤已經攀上了其中一面窗。日光燈上覆蓋的老舊燈罩，看起來就像冰塊盒的隔板。

「這就是我們喊出『成功了』，然後手舞足蹈的地方。」懷特回答。但這裡其實沒太多空間可以讓人手舞足蹈。這是間狹小擁擠、天花板低矮的房間，裡面擺著幾張科學家坐的凳子和一張足夠讓恆河獼猴躺臥的縮小型獸醫手術臺。

而懷特和同事舞蹈的同時，猴子的腦中發生了什麼事？我問他，突然間退縮至純粹的思想會是什麼感覺？當然，我一定不是第一個這樣問的記者。傳奇記者法拉琪（Oriana Fallaci）[2]在一九六七年十一月分的《形象》（*Look*）雜誌專訪中，問過懷特的神經生理學家同事馬薩布斯特（Leo Massopust）相同的問題。「我猜想沒有五官，它的思考會更加迅捷，」馬薩布斯特巧妙地回答：「是什麼樣的思考我不敢說，我猜大致上是剩下記憶，也就是當它仍擁有身軀時的資訊儲藏庫；但因為它沒有經驗可以接續，因此也不會再進一步發展。但是這也是全新的經驗。」

懷特則拒絕巧語包裝。他提到一九七〇年代的「孤立室研究」（isolation chamber studies），裡頭的實驗參與者得不到任何感官輸入，沒得聽、看、聞、嘗，亦沒得感覺。這些人無須參與懷特的實驗，就已經非常像被存放在盒中的腦。「人（在這種情況下）幾乎瘋狂，」懷特說：「而且不會花上太久。」雖然瘋狂對大部分人來說也是種全新的體驗，但是沒有人會志願參與懷特的獨立活體腦部實驗，而且他也無法強制任何人參加；雖然法拉琪立刻成為我腦中的可能人選。「再者，」懷特說：「我會質疑科學上的適用性。我拿什麼理由來證明實驗的正當性呢？」

既然如此，讓一隻恆河獼猴參與實驗的正當性又在哪裡？原因在於獨立活體腦部實驗其實只是完整頭部移植的過渡階段。當懷特開始大張旗鼓時，早期的免疫抑制劑已經出現，許多組織排斥的問題也獲得解決。如果懷特和組員釐清腦部的錯綜複雜，發現使之持續運作的方法，那麼就可以進一步研究完整頭顱的移植可能性。先從猴子頭部開始，然後是人類。

我們的談話地點已經從懷特的實驗室移師至附近一家中東餐廳的雅座。我能給大家的建議是，當對話內容涉及猴腦時，絕不要點中東濃湯（baba ganoush）或是任何軟稠、灰亮灰亮的食物。

懷特不認為這樣的手術只是頭部移植，而是全身移植。這樣想吧：和一兩項器官移植不同的是，病危的受贈者可從腦死的跳動心臟遺體那兒得到頭部以外的整副身軀。不像古瑟利和戴米霍夫的多頭怪物，懷特會將身體捐贈者的頭部移除，換上新頭顱。至於可能的軀體受贈人，懷特預計會是四肢痲痺（quadriplegic）的病患。首先，懷特解釋，四肢痲痺者的壽命通常會減損，器官亦比正常人容易出問題。如把他們的頭顱裝在新身體上，他們的生命將可延長十至二十年，而不至於影響到生活品質。嚴重的四肢痲痺患者從頸部以下皆為癱瘓，需要人工呼吸器的輔助，但頸部以上的運作一切正常。移植後的頭顱亦然。因為至今沒有神經外科醫生可以做到重新連接脊椎神經，所以四肢痲痺病患依舊無法擺脫其命運——但至少生命不再受到威脅。

「頭部可以聽、嘗、看，」懷特說：「也可以閱讀，聽音樂。而頭部就像超人李維先生一樣可以用支架固定。」(譯註：Christopher Reeve，美國著名影星，主演《超人》及《似曾相識》而紅極一時。在一次騎馬受傷之後，李維下半身全部癱瘓，不良於行。癱瘓後仍致力於脊髓損傷者的社會公益及倡導，亦擔任導演。二〇〇四年因全身感染死於心臟衰竭。)

一九七一年，懷特完成了創舉，將一隻猴子的頭顱接至另一隻斷頭猴的脖子上。手術為時八小時，數名助理隨侍在旁，每個人皆須嫻熟細節步驟，包括該站哪裡、該說什麼。在正式手術的好幾個星期以前，懷特就已經在手術房內，像個足球教練以粉筆畫下圓圈箭頭，標示每個人的位置。首先要為猴子施行氣管切開術，連接到呼吸器上。接著懷特將兩隻猴子的頸部切割至只剩脊椎和主要血管，這包括兩條將血輸送到腦的頸動脈和另外兩條將血液輸回心臟的頸靜脈。接著他削整軀體捐贈者的頸部上方骨，以金屬板覆蓋，對頭顱也施行相同的步驟。當血管被重新銜接後，再將兩片金屬板拴緊。接下來，以細長柔韌的接管，將軀體的血液循環引至新頭顱，然後縫合脈管。最後，再將頭顱和舊軀體的血液供給截斷。

當然這是粗略簡化的過程。我描述的方法好似整個過程只需小刀和縫合工具就行了。欲知詳情，我會建議你參考一九七一年七月號《外科期刊》(*Surgery*)裡懷特的論文，手術過程的描繪鉅細靡遺，附有墨水插圖。我最喜愛的插圖畫出其中一隻猴子的身體，牠的肩膀上方是衰弱、幽魂似的頭顱，表示頭顱在不久之前仍附著在此身軀上，一枝弧形箭頭輕快地將這顆頭顱指向另一隻猴子的身體上方。這張插圖將原本手術中的混亂、難以啟齒的毛骨悚然，轉化成井然有序、公事公辦的中性氣氛，就像飛機上的緊急逃生說明卡有條不紊、公式化地描繪各個逃生出口。懷特有手術的錄影，但是在漫長的哀求哄騙後，他仍不肯讓我觀賞這支影片。太血腥了，他說。

但我並不因此感到困擾。真正縈繞不去的是當麻醉消褪、猴子感受到痛苦時的臉部表情。懷特在先前提到的論文〈猴子頭部交換移植〉（Cephalic Exchange Transplantation in the Monkey）中提及此點：「每顆猴子的頭顱都感受得到外在環境……它們的眼睛追隨進入視線範圍的個人和物體，並且依然好鬥，這從口部受到刺激時引起的咬噬可見一斑。」當懷特餵食它們時，它們啃囓，並嘗試吞食——這其實是場惡作劇，因為食道尚未被接通，仍死路不通。實驗猴接下來生存了六小時到三天的時間，大部分因為組織排斥或失血而死亡。（為了預防接合血管處阻塞，這些小動物被注射抗凝血劑，也導致其他的問題。）

我問懷特，是否曾經有人表達捐贈意願。他提到一位居於克里夫蘭、富有，但年事已高的四肢癱瘓患者，明白表示臨終前，如果這樣的移植手術已經臻於完美，他願意放手一搏。「完美」是關鍵字。人類實驗品的問題在於沒有人站在最前線。沒有人想當練習品。

假若真的有人同意，懷特會進行手術嗎？

「那當然。我看不出為什麼在人身上就不會成功。」但懷特不認為美國會是首次人類頭顱移植的發生地，原因在於激進新手術的發明者必須面對太多的官僚和制度層面的阻撓。「你所處理的是革命性的手術。人們無法斷定這究竟是完全的身體移植，還是頭部、腦部，甚至是靈魂的移植。另外還有一個問題。人們會說：『想想這副身軀內所有的器官可以挽救多少人的性命，而你居然把整個身體交給單單一個人。而且還是個癱瘓的人。』」

有一些國家的管理機關就沒那麼愛管閒事，他們反倒期待懷特親臨、造就歷史性的頭部交換。「在基輔，我明天就做得成。英國和德國甚至比他們還更熱中，還有多明尼加共和國也是，義大利更巴不得我馬上進行。但是資金從哪兒來？」即使是在美國，花費也是個問題：如懷特所指出的，「誰會願意資助研究這項昂貴的手術，而且幫助的病人少之又少？」

我們假設有人願意資助好了，而且懷特的手術成功，證明其可行性。那是不是有朝一日，當人的身體罹患致命疾病時，只須找副新身軀，就可以延長數十年的生命呢？即使那樣的存活方式如懷特所說的「變成一顆枕頭上的頭顱」？這是有可能的。不只如此，隨著修復損傷脊髓的技術進步，外科醫生也許能把脊椎神經重新連接，讓這些頭顱脫離枕頭，開始活動，控制新的身軀。這一切並非那麼遙不可及。

但是話說回來，我們也沒有什麼理由應該樂見其成。保險公司不大可能願意支付如此昂貴的手術，而使得這類延續生命的形式專為富人擁有。將醫療資源投注在病危者和富豪身上是明智的嗎？難道我們的文化在面對死亡時，不該鼓勵一種更理性、更開明的態度嗎？懷特並未針對此點多做聲明。但是他仍舊希望促成手術的成功。

有趣的是，懷特是虔誠的天主教徒，隸屬於梵蒂岡「宗座科學院」(The Pontifical Academy of Sciences）七十八位知名科學大腦（外加身體）的一員，他們每兩年飛往梵蒂岡謁見教宗，報告對教會有特殊影響的科學發展：幹細胞研究、複製、安樂死，甚至是其他行星上的生命。某種程度上來說，懷特似乎格格不入，因為天主教教誨靈魂占據全身，而不僅是在腦部。當懷特和教宗會面時，提起了這項差異。「我跟他說：『這個嘛，神聖的教宗，我認真考慮人類心靈或靈魂其實位於腦中。』教宗神情勉強，不發一語。」懷特停了下來，低頭端詳咖啡馬克杯，似乎在為當天的魯莽懊悔。

「教宗的神情總是有點緊張，」我安慰他：「你知道，以他的健康狀況來說。」我突發奇想，不知道教宗會不會是身體移植的適當人選。「天知道梵蒂岡多有錢……」懷特瞄了我一眼。這眼神告訴我，最好別跟他提我蒐集的那些附有教宗被祭服絆到的照片剪報，這眼神似乎正控訴著我就是那「一丁點塞住的排泄物」。

懷特希望教會能將死亡定義從「靈魂離開身體的剎那」修改成「靈魂離開腦的瞬間」，尤其是天主教已經接受腦死的概念和器官移植的施行。不過羅馬天主教廷就像懷特移植的猴腦，好鬥的態度始終如一。

無論全身移植的科學將來進展如何，懷特或是任何人若要將腦死屍體的頭顱切下、好接上另一顆頭顱，都得克服捐贈同意形式的巨大難關。單一器官的取出不具有特殊身分，不再關乎個人，至少對大多數人而言，捐贈的人道考量超越移除過程的情感障礙。但身軀移植就完全不同了：會有哪個人或親屬，願意幫助陌生人改善病情而捐出完整軀體？

也許答案是肯定的。這曾經發生過；只是這些奇特、具有療效的遺體未曾進過手術室，它們比較像是藥品：局部施用，蒸餾成為酊劑，再由病人吞食。完整的人體或是斷肢殘片，在歐洲和亞洲有數世紀曾作為配藥的主要貨源。有些人甚至自願成為藥劑。如果十二世紀阿拉伯的老人願意將自己捐獻為「人體木乃伊蜜餞」（調製方法請見下一章），那麼一個人自願成為他人的移植軀體也就不出人意料。好吧，好吧，也許是有點難以想像。

註釋

1 當他厭倦了「移動」器官和頭部時，戴米霍夫把腦筋動到整整半隻狗身上。他的書中詳細描述兩隻狗從橫隔膜被剖開的手術，將兩者上下半身交換縫合，再將動脈銜接起來。他解釋這可能比移植兩或三樣器官省時。但由於病患的脊椎神經一旦斷裂就無法重新銜接而導致下半身癱瘓，這項手術沒有引起多少注意。

2 她的傳奇之處在於擅長讓從季辛吉（Kissinger）到阿拉法特（Arafat）等「天生愛發怒」的重量級人物飽受嘲弄。法拉琪也捅了懷特一刀，在目睹無名實驗猴經歷獨立活體腦部手術後，她捏造了這隻猴子的名字，並寫下這段文字：「當（腦部移除和銜接）發生時，沒有人在意利比（Libby）的身體躺在那一動也不動。懷特教授應該也要以血液餵食牠，讓牠在缺少頭顱的情況下存活；但是懷特教授沒有這樣做，所以那身體就倒臥在那兒，完全被遺忘。」

10 大啖人肉
食人療方和人肉水餃

在十二世紀阿拉伯宏偉的市集中，如果你熟悉門路、現金充裕、也不在乎弄髒一只購物袋的話，你就有可能買到一種被稱為「蜜漬人」(mellified man）的產品。「mellify」這個英文動詞來自拉丁文「mel」，意指蜂蜜。蜜漬人的做法是將死人遺體浸漬在蜂蜜中，別稱「人體木乃伊蜜餞」，但是這樣的稱呼容易誤導大眾，因為與當時其他的中東蜂蜜製品不同，這種蜜餞不會被送上餐桌當甜點。這種蜜餞只供局部使用，而且令人遺憾的是，屬於口服用藥。

蜜餞的製作過程繁複費時，不只販售商大費周章，更值得注意的是蜜餞的成分：

……在阿拉伯有七旬至八旬的老人願意捐出遺體。原料不吃任何食物，只沐浴和食用蜂蜜。一個月後其排泄物全是蜂蜜（尿液和糞便皆為蜂蜜），接著是死亡的發生。他的同胞將其遺體置放在裝滿蜂蜜的石棺中，在那兒他將軟化。石棺上註明浸泡初始年月，一百年後開封。一種治療肢體斷裂或損傷的蜜餞成形了。少量服用病痛立即全消。[1]

以上祕方出現在《本草綱目》中，這是一本一五九七年由李時珍編纂的醫用植物和動物綱要。李時珍謹慎地指出他無法確知人肉蜜餞故事的真實性。但這聽來並沒有讓人鬆一口氣，因為當李時珍沒有特別質疑其真確性時，那就意味他相信這東西真的有效。因此以下藥方確實出現在十六世紀的中國：人身上的頭垢（「最好由胖子身上取得」）、膝蓋汙物、耳垢、臭汗、鼓膜（「燒成灰，泌尿困難時塗在陰莖上」）、「豬糞擠出的汁」，還有「驢尾巴基部的髒東西」。

儘管蜜漬人的確少見，但在十六、十七、十八世紀歐洲的化學著作中，就有乾製人體運用在醫療上的詳細記載，而阿拉伯以外的地域則沒聽過有自願的遺體捐贈者。最常被加工製成木乃伊的屍體，據說多是利比亞沙漠中因暴風沙滅頂的商隊成員。「這種突發窒息的死亡，冷不防地攫住旅行者，那極端的恐懼確實將靈魂凝聚在身體各處。」《化學大全》（*A Complet Body of Chymistry*）的作者拉費夫（Nicholas Le Fèvre）如此寫道。（猝死也降低屍體生前受到感染的機率。）其他人則聲稱木乃伊的製作原料來自死海瀝青，傳說是當時埃及人拿來當防腐劑的一種樹脂。

不用說，利比亞一說的可能性極低。拉費夫提供了一帖以「年輕魁梧男人」的遺體（其他作者進一步指名須使用紅髮男子）自製木乃伊藥丹的祕方。猝死這項要素，則可以利用窒息、絞刑或是刺刑達成。另一帖藥方還提供乾燥、煙燻和調和人肉的方法（一到三粒的木乃伊錠混合毒蛇鮮肉和酒精），但是拉費夫並未提供如何取得或是何處取得原料的線索，遑論如何親手扼殺或刺殺紅髮年輕人了。

亞歷山卓港曾傳出猶太人販售偽造木乃伊的事件。顯然他們一開始出售的是從墓穴中洗劫而來的正宗木乃伊，此事激發作家湯森（C. J. S. Thompson）在《藥材商的祕密和藝術》（*The Mystery and Art of the Apothecary*）中寫下「猶太人終於對其世代壓迫者復仇」。當貨真價實的木乃伊供不應求時，商人開始調製贗品。法王路易十四的御用藥劑師波麥（Pierre Pomet），在一七三七年出版的《藥材全史》（*A Compleat History of Druggs*）中記載，他的同事德拉方丹（Guy de la Fontaine）到亞歷山卓港以求「親眼證實傳言」，結果他在一處商家找到各式各樣支離破碎、腐爛的屍體，摻雜著瀝青，包裹著繃帶，在爐中乾燥。這樣的黑市交易稀鬆平常，連像波麥這樣的製藥權威都提供祕訣給有興趣的木乃伊買家：「挑選時黑色色澤須光亮滑順，不要那些帶骨和沾滿泥土的，聞起來味道要對，而非瀝青燒焦後的臭味。」伍頓（A. C. Wootton）在一九一〇年的《藥學記事》（*Chronicles of Pharmacy*）中寫道，著名的法國醫生作家帕黑（Ambroise Paré）宣稱木乃伊贗品的製造地就在巴黎，原料取自夜色保護下從絞刑臺偷來的乾屍。帕黑並急忙澄清他從未開過這樣的處方。但就我所知，大部分醫師並非如此。波麥就表示他的藥劑貨源中有此收藏（雖然他亦主張那玩意的「最佳用途是當釣魚餌」）。湯森在一九二九年出版的著作中聲稱真品人類木乃伊在當時的近東藥舖中仍有販售。

木乃伊特效藥是療方比病痛本身還更難熬的代表。雖然它也用在癱瘓、暈眩等症狀，但最為廣泛的用途是在治療挫傷和預防血液凝結：人們吞下腐爛的人屍，就只為了治療淤血。伍頓亦引述十七世紀藥劑師貝謝（Johann Becher）的評論，堅稱這對「腸胃脹氣多所助益」（假若他說木乃伊引起腸胃脹氣，那我絕不懷疑），其他害處甚於療效的人類原料藥品還包括以長條人皮包紮小腿以預防抽筋；以「陳年液態胎盤」來「壓制無來由怒髮衝冠的病患」（這例子來自李時珍，下一例也是）；以「清澈液狀糞便」排除寄生蟲（味道會驅使寄生蟲自任何體穴爬出，消解惱人症狀）；以鮮血注射進入臉頰治療溼疹（湯森寫作當時盛行於法國）；以膽結石治療打嗝；以人類齒垢醫治黃蜂叮咬；肚臍酊劑專治喉嚨痛；女人的唾沫則可塗抹於發炎的眼睛上。（古代羅馬人、猶太人和中國人全都熱中於使用唾液，不過就我所知，自己的唾液不能用。療方會說明所需的唾沫類型：女人唾液、新生男嬰唾液，甚至皇家唾液，顯然羅馬君王為了造福民眾，也會在公用痰盂中貢獻。大部分的醫生以點眼藥器施予唾液，或是以酊劑開予處方，不過在李時珍的時代，當「惡魔侵擾引發惡夢」時，得在不幸受磨難的病人「臉上輕輕吐一口」。）

即使是在惡疾纏身的案例中，病人有時還是置醫師處方於不顧會比較好過些。根據《本草綱目》記載，糖尿病患者應服用「從公廁取得的滿滿一杯尿」。（病人的抗拒可想而知，因此書中指導這種可憎的飲料應該「偷偷施予」。）另外一例來自藥劑師兼皇家科學院（Royal

Academy of Sciences）成員勒莫利（Nicholas Lemery），他寫到人糞可治療惡性炭疽和傳染病，但他並未居功，反而在他的《化學之路》（*A Course of Chymistry*）中引述一位名為洪伯格（Homberg）的日耳曼人說法，後者於一七一〇年的皇家學院演講中解說自己如何「經過許多嘗試和挫敗後」，「從人類排泄物中」蒸餾出「令人驚嘆的磷」；勒莫利在著作中收錄了提煉方法（「取出一一三公克新鮮、中等黏度的人類排泄物……」）。洪伯格的糞便磷據傳泛著亮光，如果可以親眼證實，我願意以上犬齒（可治療瘧疾、胸部膿瘡和發疹性天花）作為交換。洪伯格也許是首位讓糞便發光的人，但他不是率先開出處方的人。人糞作為醫療用途打從羅馬哲學家蒲林尼（Pliny）時代就已存在。在《本草綱目》中，它不僅以液體、灰燼、湯汁的形式出現，用來治療傳染性熱病及孩童生殖器潰爛等多種病症，而且還有「燒烤」的版本。這邏輯來自於：人糞基本上是麵包和肉品的濃縮精華，[2]因此「能充分發揮其優點」。伍頓如是說。

不是所有屍體類藥材都由專業藥劑師出售。古羅馬時代競技場的後臺偶爾也充當鮮血販賣處，剛被殺害的格鬥士鮮血被認為具有治療癲癇的功能，[3]但是一定要在冷卻前服用。在十八世紀的日耳曼和法國，劊子手蒐集斷頭臺下罪犯頸部汩汩冒出的鮮血，換來滿口袋的收入；這時鮮血不只被拿來治療癲癇，也被用在痛風和水腫上。[4]和木乃伊萬靈丹一樣，人們相信鮮血的療效必定來自剛從生氣蓬勃狀態死去的年輕人，而不是在惡疾中萎靡的病人；死刑犯恰好符合這樣的條件。只是，當處方開始要求以嬰兒鮮血或是處女鮮血沐浴時，醫療界醜態日益嚴重。痲瘋這種疾病常成為焦點，其治療藥劑份量是以澡盆計算，而非用滴藥器。當痲瘋降臨到埃及王子身上時，蒲尼林記載著：「人民之悲哀啊，為了醫治王子，沐浴間的澡盆已經注滿了鮮血。」

劊子手的存貨通常還會包括人脂，作為治療風溼病、關節痛的處方，還有聽起來具詩意但應該頗為痛苦的四散四肢（falling-away limbs）。據說，除了屍體偷竊者會辛勤不懈地參與脂肪交易，十六世紀荷蘭的隨軍醫師也不遑多讓。在抵抗西班牙的獨立戰爭中，他們不畏荒涼，手持手術刀和水桶殺進對陣戰後的沙場。為了和劊子手祭出的低廉價格一較高下（他們的產品多半包裝得像在販售牛脂一樣），十七世紀的藥劑師會附贈芳香草藥和抒情的產品名稱提高品味：寫於十七世紀的《柯蒂克處方手冊》（*Cordic Dispensatory*）中含有「美女奶油」和「可悲罪人的油脂」。長久以來藥劑師不甚美味的處方都是以同樣的方法促銷：中世紀的藥劑師以「全盛閨女」之名販售經血，再以玫瑰花水點綴。湯森的書中包括了人腦酒精劑的祕方，這裡面不只需要用到腦（「包括所有的薄膜、動脈、靜脈和神經」），還須添加牡丹、黑櫻桃、薰衣草和百合。

湯森指出許多人體藥方的背後原理只是純粹的聯想罷了。黃疸臉色發黃了嗎？試試灌下一杯尿。掉髮嗎？趕緊用頭髮特效蒸餾藥按摩頭皮。頭腦不清醒嗎？來一劑「頭腦之靈」。從人骨提煉出來的骨髓和油脂可以治療風溼，而人尿沉澱物據說可以治療膀胱結石。

在一些案例中，不甚體面的人體療法走的是歪打正著的醫學真理。膽汁本身無法治療聽障，但是如果你的聽力問題是因陳年耳垢堆積而起，那麼酸性物質也許可以融解它們。人類腳趾甲不是真正的催吐劑，但是你可以想像吃下一劑後應該可以促成催吐的效果。同樣地，「清澈液態糞便」不是毒菇的真正解藥，但是如果目的是想將病患胃中的毒菇一次清空，沒有別的藥方比這更有效。糞便令人反感的天性也說明了它為何成為「子宮脫出」的局部治劑：遠自希波克拉底時代之前，醫師就已將女性生殖系統視為獨立實體，而非器官，它是擁有個別意志的神祕物體，常一時興起「四處遊蕩」。如果生產後子宮移位脫落，常開的處方是將一抹惡臭物（通常是糞便）將其誘回原位。人類唾液中的活性成分無疑是天然抗生素；這就是為什麼唾液可用來治療狗咬傷、眼睛感染和「臭汗」，即使當時沒有人瞭解抗生素的作用。

正因為諸如淤青、咳嗽、消化不良和腸胃脹氣等輕微病痛一陣子過後會自然痊癒，不難理解這些藥方的功效是如何得以口耳相傳。對照實驗（controlled trial）在當時並不存在；所有的處方證據皆來自軼事流言。**我們讓彼得森太太服用了一些尿，她的膿瘡現在沒事了！**我和一百零四年來最暢銷的醫師參考手冊《默克診療手冊》（*Merck Manual*）的編輯博爾考（Robert Berkow）討論，到底這些全無根據的怪異醫療出處何來。「只要想想拿一顆糖製安心藥來止痛即可得到二五％到四十％的反應，」他說：「你就會明白這些處方為什麼會被推薦。」他又補充，一直要到一九二〇年，「生一般病的一般病人去看一般醫生時，才得到比較理想的診療。」

這些人體丹藥之所以盛行，恐怕也不全然是因為其宣稱的特效成分，而是因為處方中的主藥。湯森書中查理王的那批眼藥祕方——查理二世在白廳（Whitehall）的私人實驗室中提煉人顱酊劑，經營生意鼎盛的副業——不只內含頭骨酒精劑，還有半磅的鴉片和四隻手指頭的葡萄酒溶劑（四隻指幅的量，而非真的用了四隻手指）。歐洲人拿來治療癲癇的老鼠、鵝和馬糞便，服用時須融解在酒精或啤酒中。同樣地，《本草綱目》中開出的粉狀人類陰莖，須佐「酒精服用」。這玩意兒可能治不好病，但會紓解痛苦，重振精神。

屍體醫學儘管玄奇、聽來就像料理中的文化差異，但基本上我們對這類治療已習以為常。以骨髓治療風溼痛或以臭汗治療淋巴結核，不比以人體生長荷爾蒙治療侏儒症來得極端或殘酷。我們對輸血不以為意，但想到要浸泡在血中就大驚小怪。我並不是在倡言回歸到耳垢醫療，但平心靜氣看待這些事有益而無害。正如一九七六年版的《本草綱目》編輯利德（Bernard E. Read）指出，「今日人們瘋狂地檢驗每種動物組織類型，以求得活性成分、荷爾蒙、維他命和特殊的疾病治療處方。而腎上腺素、胰島素、雌素酮（theelin）、經血有毒物質（menotoxin）和其他物質的發現，促使我們敞開心胸，承認值得注意的物質可能超越一般的審美標準。」

我們大夥兒共同出資進行實驗，從市立停屍間採買屍體，挑選突發死亡的屍體——那些剛被謀殺、而非老朽病重而死的。經過兩個月的人肉食療法後，每個人的健康都改善了。

墨西哥畫家里維拉（Diego Rivera）在回憶錄《我的藝術，我的人生》（*My Art, My Life*）中這樣描述。他解釋他曾耳聞一個巴黎皮毛商拿貓肉餵貓，以使其皮裘更堅實光滑的故事。一九〇四年時，他和幾位解剖學同儕決定親身體驗（當時的藝術學生必須研習解剖學）。這有可能是里維拉杜撰的，但是這生動地引介了現代人體醫藥，所以我想不如附帶一提。

除了里維拉之外，二十世紀最接近「頭腦之靈」和「全盛閨女」的醫療處方是屍血的運用。一九二八年，一位名為夏莫夫（V. N. Shamov）的蘇聯醫生嘗試以屍血取代活人捐血者的血液來輸血。遵循蘇聯傳統，夏莫夫先在狗兒身上實驗。他發現，只要使用從死亡六小時內屍體取出的血液，接受輸血的犬類沒有不利的反應。這是因為六至八小時內，屍體內的血依舊處於無菌狀態，紅血球細胞仍有含氧的作用。

兩年後，莫斯科斯基洛伏索斯基醫學院（Sklifisovsky Institute）聽聞夏莫夫實驗的風聲，開始進入人體試驗。他們如此醉心於這項技術，落成一間嶄新的實驗室，以迎接屍體的到來。「大街小巷、辦公室中或是其他地點發生突發性死亡案件時，那些屍體便搭乘緊急救護車抵達。」派拓夫（B. A. Petrov）在一九五九年十月的《外科期刊》中如此描述。本書第九章中出現的神經外科醫生懷特告知我在蘇聯時期，屍體依法屬於國家，如果國家要徵用，那麼人民無權置喙。（理論上，屍體一旦失去利用價值，就會退還給親屬。）

除了扎進針頭的位置在脖子上，而非手臂外，遺體捐血的方式和一般人差不多，而且因為缺乏持續跳動的心臟以將血液抽出，必須將遺體偏斜，血流才得以流出。派拓夫寫道，屍體應以「極端垂頭仰臥姿勢」（Trendelenburg position）擺置。他的論文包括頸靜脈插管的插圖，和血液流進特殊無菌水壺腹玻璃管內的照片，不過我以為如果多加描繪有趣又神祕的垂頭仰臥式，版面會利用得更好。我興致高昂，只因為蒙拜二〇〇一年的穆特博物館月曆所賜，我和一張掛在牆上的黑白照片「西姆斯婦科檢驗位置」[5]相處了一個月。（「病人須以左面側躺，」西姆斯醫師寫著：「大腿彎曲……右腿比左腿朝體內縮。左臂置於身後橫過背部，胸部向前屈曲。」這樣慵懶的姿態，卻又高度撩撥，我們不禁懷疑這真的有助於檢驗，還是女體性感的曲線使得西姆斯醫生提倡此種姿勢。）

我發現垂頭仰臥式（我讀到《外科期刊》中的〈超越垂頭仰臥式：川德倫堡的一生及其外科貢獻〉〔Beyond the Trendelenburg Position: Friedrich Trendelenburg's Life and Surgical Contributions〕一文，因為我相當容易分心）純粹是指以四十五度角傾斜躺臥；川德倫堡在泌尿生殖器手術時使用此種姿勢，以傾斜腹腔器官以免礙手礙腳。這篇論文的作者形容川德倫堡是個大發明家、外科領域的巨擘，他們並感嘆如此傑出的人才，世人卻只銘記他偉大醫學貢獻裡最微不足道的一項。且讓我彌補這項遺憾，他的另外一項小貢獻，即「以哈瓦那雪茄改進汙濁的醫院空氣」。反諷的是，這篇論文將川德倫堡定位為對治療性放血直言不諱的批評者，但同時他卻未對屍體捐血發表隻字片語。

二十八年來，斯基洛伏索斯基學院毫無忌憚的輸送屍體血液，約達二十五噸之多，供應百分之七十診所的需求。奇怪的是（但或許也不意外）屍體捐血在蘇聯以外並未引起風潮。在美國，只有一個人，也是唯一的一個人，膽敢嘗試。由此看來，殺人醫生（Dr. Death）之名號早在封授之前就已實至名歸。一九六一年，凱佛基安（Jack Kevorkian，譯註：一九九八年十一月二十三日美國哥倫比亞電視臺的新聞節目「六十分鐘」，播出病理科醫師凱佛基安為絕症病人靜脈注射安神劑、肌肉鬆弛劑及氯化鉀後，導致病人快速死亡，他也被密西根州以一級謀殺罪起訴）依循蘇聯標準抽乾四具屍體，並將這些血液注射進入四名活生生的病患體內。所有的反應和接受一般捐血的反應類似。凱佛基安沒有告知死者家屬他的所作所為，理由在於反正防腐時血液枯竭無可避免。但在接受者那頭他亦保持緘默，寧願讓四名病患渾然不知他們血管中流動的正是死人的血液。他的根據是既然這項技術在蘇聯已有三十年的歷史，那安全性必然無疑，任何病人可能提出的反對也不過是「對新穎、有點討厭的技術產生的情緒反彈」。你聽說過那種朝著義大利麵醬汁自慰的心理失調的廚師吧，凱佛基安的藉口聽來倒也適用於他們。

在《本草綱目》以及湯森、勒莫利、波麥著作裡提到有關人體零碎部位的部分，我只找到一樣今日醫療尚在使用的處方：歐洲和美國女性偶爾會服用胎盤來避免產後憂鬱症。今日你不再像勒莫利或李時珍的時代可從藥劑師那兒拿到胎盤（為了治療譫妄、虛弱、意志力喪失和紅眼睛）；現在你盡可把你自己的胎盤煮來吃。這項傳統主流的程度足以在半打懷孕資訊網站上出現。虛擬生育中心告訴我們如何準備胎盤雞尾酒（二二六公克金寶雜菜汁、兩顆冰塊、二分之一杯胡蘿蔔和四分之一杯生胎盤，在果汁機中打個十秒鐘）、胎盤千層麵、胎盤披薩。後兩者暗示在媽咪以外還有別人會分享佳餚——譬如說，它可能會被烹煮成晚餐，或者，變成家長會中百樂餐桌上的一道料理——我只能由衷希望有人已經警告餐會客人了。英國的年過三十五歲媽咪網站羅列「數道豪華食譜」，這當中包括燒烤胎盤和脫水胎盤。英國電視臺甘冒拓荒者的風險，在受歡迎的第四臺烹飪節目「TV晚餐」播放了一節大蒜炒胎盤。雖然有新聞報導形容這段節目已「小心」處理這項題材，但一九九八年播出時仍得到九位觀眾的抱怨，並挨了廣播標準委員會的罰。

為了看看《本草綱目》中的人體療方是否在今日的中國依然通行，我聯絡了學者、同時也是《中國古代的食人》(*Cannibalism in China*）的作者鄭麒來（Key Ray Chong，編按：中國社會科學出版社於一九九四年出版譯本）。在溫和無害的標題「為了所愛之人的醫療」下，鄭麒來描述一段甚為駭人的歷史現象，那就是子女、通常是媳婦，為了展現對疾病纏身公婆的孝心（絕大多數是對婆婆），必須割下自己身上的肉製成補藥。這項習俗在宋朝正式形成，延續至明朝，續傳到二十世紀初期。作者以條列方式舉證，每一筆紀錄詳細登記資訊出處、捐肉者、受益人、割除的身體部位、製成的料理種類。湯汁粥類總是受到病人歡迎，也一直是最為普遍的作法，雖然在兩例中，烤肉（包括一片右胸和大腿、上臂）也端上了桌。而在可能是最早的胃部縮減（stomach reduction）記載中，冒險犯難的兒子將「左腰的油脂」上呈給父親。這份表格雖然一目瞭然，但是有些時候你還是想要搞清楚：年輕的女孩將左眼珠子獻給婆婆，是為了證明其虔誠之心，還是為了驚嚇婆婆以洩恨？明朝的案例如此繁多，鄭麒來放棄逐一詳列，只將其分門別類：總共有二百八十六片大腿肉、三十七片手臂肉、二十四只肝臟、十三片無法辨認的部位、四隻手指頭、兩只耳朵、兩片烤胸肉、兩隻肋骨、一片腰肉、膝蓋一只，還有一張胃皮，全進了病痛老人的肚裡。

有趣的是，李時珍並不贊同這樣的習俗。「李時珍承認無知的民間有這般陋習的存在，」利德寫道：「他不認為任何為人父母者，無論病得多重，有權要求他們的子女作出這樣的犧牲。」現代中國人無疑是附和他的，雖然相關報導偶爾仍會出現：鄭麒來引述一九八七年五月分《臺灣時報》（*Taiwan News*）的報導，有個女兒將大腿肉割下烹煮以治療患病的母親。

儘管作者在書中寫著「即使在今天的中國，人類手指、腳趾、指甲、乾尿、糞便和母奶仍是政府強烈推薦的特殊疾病處方」，他引述的是一九七七年出版的《中藥大字典》（*Great Dictionary of Chinese Pharmacology*），但我無法實際聯絡上任何參與編纂的人士，所以打算放棄追蹤。過了數周，他捎來一封電子郵件，信件中附了當周《日本時報》（*Japan Times*）的一篇報導，標題為「三百萬中國人飲尿」。同時，我在網站上發現一篇原本刊登於《倫敦每日電訊報》（*London Daily Telegraph*）的文章，是根據前一日《香港東方快報》（*Hong Kong Eastern Express*，現已停刊）的報導寫成。文章中陳述鄰近香港的深圳有醫院診所將墮胎後的胎兒當作皮膚病和氣喘的療方，或是一般健康補品出售。「這兒有十個胎兒，全都是早上才墮的胎。」快報記者宣稱當她喬裝拜訪深圳婦幼醫療中心，並要求購買胎兒時，院方透露：「通常由我們醫生自個兒帶回家食用。不過妳看來氣色不好，就讓給妳。」這篇文章近乎胡鬧，它形容醫院清潔婦「為了將寶貴的人類遺體帶回家不惜大打出手」，混帳的匿名傢伙在香港後巷中，喊出每個胎兒三百美元的要價，還有偷偷摸摸的商場人士，「透過朋友介紹得知胎兒藥效，」每兩周就帶著保溫瓶鬼鬼祟祟潛進深圳，「一次買回二、三十個」治療氣喘。無論是這篇文章、或是三百萬痛飲尿液的中國人報導，我不知道它們是百分百真實的、部分屬實，還是不過是赤裸裸的抹黑中國伎倆。為了查明真相，我聯繫一位先前曾在中國替我工作的翻譯員和研究員溫珊蒂（Sandy Wan，音譯）。結果呢，珊蒂過去就住在深圳，也聽說過文章中提到的診所。她在深圳仍有朋友，這些好心的朋友願意喬裝成有意購買胎兒的病患。她請好友吳小姐和紀先生（Mr. Gai，音譯）從私人診所開始進行，表示他們聽說可以買到醫療用的胎兒。兩人得到的答案一致：以前是有可能，但是深圳政府前些時候已宣布販賣胎兒和胎盤都是非法的。兩人得知這些材料現由一家「醫療製造公司集中管理蒐集」。沒多久他們就瞭解這是什麼意思，還有這些「材料」的下落。在深圳人民醫院，吳小姐掛了中醫門診，問醫生治療臉部疤痕的處方，醫生建議一種稱作「太寶」(Tai Bao）膠囊的藥品，在醫院藥局能以二・五美元一罐的價錢購得。當吳小姐追問這是哪一種藥品時，醫師回答這是由當地所謂的流產物（abortus）和胎盤製成，對皮膚效果極佳。同時間，在內科門診掛了號的紀先生說他有氣喘，並告訴醫生，他的朋友推薦流產物，醫生說他未聽過直接販售胎兒給病人的事情，但它們由一家衛生局控制的公司收取，並得到授權將之製成膠囊——即吳小姐得到的太寶膠囊處方。

珊蒂在海口的室友是名醫生，她將快報文章唸給她聽。朋友認為文章有誇張之嫌，但她也認為胎兒組織確實有其醫療價值，支持加以利用。「把它們當垃圾扔掉，」她說：「怪可惜的。」（珊蒂自己是個基督徒，認為這樣做是不道德的。）

在我看來，中國人在看待飲食時，似乎比美國人更多元且更實際，出發點也不那麼感情用事。儘管被製成太寶膠囊，我仍站在中國人這一邊。就像美國人愛狗是事實，但這不表示沛縣（Peixian）不那麼熱愛狗的中國人，只因為將狗肉夾燒餅當早餐，就不道德，正如印度教對牛隻的尊崇，並不表示我們將牛製成皮帶和肉丸是錯的。我們全是特殊背景文化的產物，我們被自我需要所制約。有些人（好吧，是只有一個人）認為食人習俗在嚴謹理性的社會中有其價值：「人類現有的是機械化、但依舊原始的文明，一旦進化到更高度的文明時，」里維拉在回憶錄中寫著：「食人的習俗將被認可。因為人們將拋開所有的迷信和非理性的禁忌。」

當然，服用胎兒藥丸的議題因為牽涉到母親的權益，更形糾葛。如果一間醫院希望販售、甚至純粹出讓一名女子的流產胎兒並製成藥丸的話，他們理當得到母親的同意。任何其他的做法都是殘酷不敬的。

想在美國嘗試推銷太寶膠囊的意圖鐵定以災難收場，最主要是由於保守宗教觀點認為所有的胎兒和它們細胞經過分化、發育完全的兄弟一樣，同是擁有權利和權力的個體；另外還有美國傳統的神經質性格使然。中國人本來不是什麼神經過敏的民族：珊蒂曾告訴我一種有名的中國食譜叫「尖叫三聲」，三隻新生的老鼠被迫從母親身邊取走（第一聲），丟到熱油鍋中（第二聲），然後被吞食（第三聲）；不過話說回來，我們不也是將活龍蝦丟進沸水中，任由家中黏鼠板上雙足動彈不得的老鼠挨餓，所以，我們不必急著丟出第一顆石頭。

我不禁想：有文化會極端到純粹因為實用性而食用人肉嗎？

中國食人的習俗縱然歷史悠久豐富，但是我不相信在這裡與之抗衡的禁忌比其他地區微弱。在中國史上千件食人案例中，許多是因為飢餓、表達憤恨的欲望，或為在戰爭中復仇而食人。沒錯，倘若沒有強大食人禁忌，吃下敵人的心臟、肝臟就不被認為是心理殘暴的行動了。

鄭麒來僅成功挖掘出十件他稱為「品嘗人肉習俗」的案例：食用人肉或器官並非因為食物貧乏，或是你藐視敵人，或是你試著治療重病的雙親，而純粹是基於人肉鮮美、浪費掉太可惜的想法。他描述多年前中國劊子手除了販賣鮮血和脂肪的另一項額外福利，就是將心臟和腦帶回家當晚餐。到了近代，私人用的人肉貨源通常來自謀殺案中的被害人——食人立即提供了令人難忘的膳食和解決屍體的便利妙方。鄭麒來道出一對北京夫妻謀殺了一名青少年的故事，他們將他煮熟了，邀鄰居分享，騙他們那是駱駝肉。根據一九八五年四月八日《中國日報》（*Chinese Daily News*）的報導，這對夫婦坦承行兇動機是因為很想吃人，這個習慣是在戰時糧食短缺的年代養成的。鄭麒來並不以為這個故事牽強附會。因為飢荒引起的食人習俗在中國歷史上並不少見，他相信在某些環境惡劣地區的中國人，長久以來已經發展出對人肉的偏好。

據說吃起來挺美味的。科羅拉多州探礦者佩克（Alfred Packer），在其補給耗盡後，享用了五名夥伴，他之後被控謀殺，並於一八八三年告訴一名記者，男人的胸肉是他嘗過「最甜美的肉」。一八七八年史提曼號帆船（Sallie M. Steelman）拋錨後漂流大海，其中一名水手形容死去船員的肉不比「牛排」遜色。里維拉——如果我們相信他的解剖室奇聞的話——認為女屍的腿、胸部和佐麵包的肋排是「精緻美食」，他尤其貪嘗「浸在香醋中的女人腦」。

雖然鄭麒來的理論提出中國人有偶爾食用人肉的癖好，而且中國人在吃的方面百無禁忌，但現代「品嘗人肉習俗」的案例少之又少，且不易證實。根據一九九一年一篇路透社（Reuters）的報導（「用餐客人愛吃人肉餃子」），一名在海南省火葬場工作的男子被逮到在屍體火化前先將臀肉和腿肉切下，然後送至他在附近經營白寺餐廳的哥哥那兒。報導中，有長達三年的時間，關旺（Wang Guang，編按：兄弟兩人名字皆為音譯）自弟弟關惠（Hui Guang）服務的冥界顧客身上得到肉品供應，製成「川味餃子」，生意興隆；直到一位車禍喪命的年輕女子的雙親，要求在火化前看女兒最後一眼，才東窗事發。「發現女兒的臀部失蹤時，」記者報導：「他們叫了公安。」第二宗針對火葬場食人員工的路透社報導在二〇〇二年五月六日出現，文章詳述兩名金邊男子被指控「以酒灌下」人的手指和腳趾頭後逃亡，但他們最終沒被起訴，因為食人肉不在法律懲戒之列。

這些報導彌漫著都會傳說的風味。珊蒂告訴我她曾聽過類似的傳聞，有一名中國餐廳的老闆，看到車禍立刻衝向死亡的司機，割下死者的臀肉，做成肉包的餡。而且路透社報導的海南事件疑點重重：雙親要如何看到女兒的臀部呢？照理說，她最後現身應該是臉部朝上，躺在棺木中。再說為什麼出自《海南特區日報》（*Hainan Special Zone Daily*）的原文提供了行兇者的名字，卻對城鎮的名字隻字不提呢？不過這是路透社。他們不會捏造新聞對吧。他們會嗎？

中國南方航空（China South Airways）的晚餐是未切片的漢堡包，和皺巴巴、沒加料、在壓製的鋁容器中滾動的香腸。香腸的大小不夠填充漢堡包，不夠填充任何包子，小到連自己的外皮都鬆垮垮的。即使以飛機餐的標準評判，這頓飯仍糟透了。空服人員在發完最後一個餐盒後馬上轉身回到機艙前頭，開始蒐集餐盒扔進垃圾袋中，精準判斷沒有乘客會有胃口。

如果白寺餐廳依舊存在的話，大約一小時內我就可以點份同樣難以下嚥的餐點。飛機馬上就要降落在海南島，傳說中臀肉男孩們的家鄉。我之前人已在香港，便決定到海南島一趟，探個究竟。海南省面積不大，是位於中國西南沿海的小島。海南只有一個大城海口，而我又透過電子郵件聯繫海南官方網站的網主，假裝我是殯葬業者（因為先前以記者身分詢問，石沉大海），得知海口只有一間火葬場。如果故事屬實，這必定是事發地點。我即將前往火葬場，試著追蹤關旺和關惠的下落。我會問他們動機為何？是因為貪心吝嗇？還是性格實際——本意善良，只是不願見到品質優良的肉被白白浪費？他們不認為自己有錯嗎？他們有沒有親自品嘗餃子？他們認為所有的屍體都該這樣回收嗎？

我和海南島網主的通信讓我以為海口是個狹小擁擠、幾乎像個小鎮的城市，而且多數居民多少會說些英文。網主沒有火葬場的地址，但是他叫我四處詢問，「問計程車司機就對了。」他在信中寫著。

光是要請計程車司機把我載到旅館就花上半個鐘頭。而且就像其他的司機和海口的居民，他不說英文。何必呢？海南島上沒什麼外國人，只有從內地來度假的中國人。司機最後打電話給一位勉強能通英語的朋友，然後我便發現自己身在開闊都會聚落中的一間高樓內，屋頂上寫著斗大的紅色中文，我想應該是旅館的名字吧。中國大城市的旅館房間比照西方的版本，廁所衛生紙的尾端折成三角形，還有免費的浴帽；不過呢，總是有些迷人的小錯誤。有只小瓶的瓶身標籤寫著「Sham Poo」（譯註：正確應為「Shampoo」，洗髮精），還有一張宣傳單提供視障女按摩師的服務資訊。（**噢，太太！真對不起！我以為那是妳的背！妳知道我看不見……**）累壞的我癱倒在床上，床墊發出一聲尖銳惱人的噪音，暗示著床也極有可能倒在我身上。

隔天早晨我來到櫃檯。其中一位女孩能說一點點英語，這太有幫助了，雖然她以「妳還好嗎？」取代「妳好嗎？」的習慣著實令人不安，好似我出電梯門時有絆倒在地毯上。她聽得懂「計程車」，用手指了指外頭。

前晚在為旅程作準備時，我畫了張圖給計程車司機參考。這圖裡有具屍體在火焰上飄搖，右邊我畫了骨灰甕，雖然看起來像只俄國茶壺，司機極有可能會誤以為我想找間蒙古烤肉餐廳。司機看了看圖，似乎會意了，方向盤一轉進入車陣中。我們開了好一會兒，好像我們真的正朝著火葬場所在的市郊前進。緊接著我看到我的旅館出現在右方。我們一直在繞圈子。到底出了什麼事？盲眼的女按摩師在兼差開計程車嗎？這不對勁。我覺得不妥。我示意正快活地繞圈子的司機靠邊停，然後在地圖上指著中國觀光局辦事處。

最後計程車停在一棟輝煌明亮的炸雞店外，就是那種在美國可能會打出「我們的炸雞最讚！」廣告詞的速食店，不過這裡則是「我要炸雞！」。司機轉頭欲收車費。我們對著彼此吼叫了一陣子，最後他下車走到炸雞店隔壁一間狹窄昏暗的店面，奮力指著一面招牌。上面寫著，「指定外國人觀光辦事處」(Designated Foreign-Oriented Tourist Unit)。好吧，我要炸雞。司機沒錯。

辦事處裡面大夥兒正在偷閒抽菸，從這煙霧濃度來判斷，大約已經持續了很久，有好幾年都說不定。牆壁是光禿禿的水泥，一部分的天花板已然崩壞。沒有旅遊手冊或是火車時刻表，只有一面世界地圖和依牆豎立的神龕，上頭有紅色的電蠟燭和一碗牲禮。神明正在享用蘋果。在辦公室後頭，我看到兩張包著嶄新壓縮膜的椅子。奇怪的是他們居然決定採購椅子，那崩塌的天花板該如何是好？再說每年會進門坐在椅子上的觀光客應該不出兩、三人。

我向裡面的女士解釋我需要雇用翻譯員。兩通電話加上半小時的等待後，奇蹟似地出現了一位。她是溫珊蒂，就是之後幫助我追查胎兒販賣商的女子。我解釋我需要和海口火葬場的員工談話。珊蒂的英文字彙數量令人印象深刻，不過就我理解，那當中並不包含「火葬場」這個單字。

我形容那是棟焚化屍體的大建築物。她沒聽懂，以為我在說某種工廠。「燒哪種東西？」她問。全體辦事處員工目不轉睛，試著理解我們的對話。

「燒……死人。」我無助地露出微笑，「死屍。」「噢。」珊蒂脫口而出。她絲毫沒有退縮的樣子。她向觀光局員工解釋，而他們點頭的方式好像這種事經常發生。接著她向我要地址。當我表明不知道後，她從查號臺那兒得到火葬場的電話，撥了號碼，問了地址，甚至和負責人約了時間。太了不起了。我無法想像她是如何告訴負責人，或是她心中對會談內容的想法。我開始可憐火葬場負責人，他必然認為是一位愁容滿面的外國寡婦即將造訪，或是某個假裝熱絡的蒸餾器銷售員要幫助他節省成本，增加效率。

在計程車內，我絞盡腦汁試著向珊蒂解釋我需要她翻譯的內容。「我希望妳詢問負責人他是否曾有一名員工將屍體的臀部割下，送到他哥哥的餐廳做成餐點……」但無論我怎麼修飾，還是不減其恐怖荒謬。我為什麼想要知道這些？我在寫本什麼樣的書？我怕珊蒂變卦，於是隻字不提人肉餃子。我說我替一本殯葬業雜誌撰稿。現在計程車已經出了城，卡車和摩托車不再橫行。這裡的人們駕著木製牛車，頂著尖尖的遮陽斗笠，就像你在越南村見到的那種，只不過這兒的帽子是以報紙薄板製成。我想也許某處有某人正戴著一九九一年三月二十三日的《海南特區日報》。

計程車轉彎開上泥土路。我們經過一座正吐著黑色雲朵的磚砌煙囪：火葬場到了。路的遠端是附設的殯儀館和火葬場辦公室。有人示意我們步上大理石階梯，負責人辦公室就在上頭。這肯定行不通。中國人碰到記者時十分機警，尤其是外國記者，更別提那些影射你的員工肢解屍體、做成餃子的外國記者。我之前到底在想什麼？

負責人的辦公室寬敞，沒什麼擺設，除了一只鐘外，牆上什麼也沒掛，好像沒有人知道該怎麼修飾死亡。珊蒂和我坐在低矮、彷彿轎車座位的皮椅中，有人通報說負責人隨即前來。珊蒂對著我微笑，渾然不覺即將展開的戰慄。「珊蒂，」我脫口而出：「我得告訴妳這是怎麼回事！有個傢伙把屍體的臀肉割下來供他哥哥去……」

就在這時負責人走了進來，負責人是位嚴肅的中國女子，少說有一百八十公分那麼高。比起我接近地面的謙卑位置，她的比例有如超人般雄偉，像外頭的煙囪般高聳，她若是噴出煙來我也不意外……。

負責人在辦公桌前坐下。她瞅著我，珊蒂望向我。我感覺暈船似的昏眩，開始胡亂講述我的故事。珊蒂一邊傾聽著，老天保佑，她不動聲色。不苟言笑的負責人打從進入這房間就沒有露出過一絲微笑，也許她從來沒有笑過，現在珊蒂轉向她開始複述我先前的故事。她轉述關惠的故事，解釋我認為他可能是這裡的前任員工，而我因為替一家雜誌社撰稿，希望能找到他的下落，與他進行訪談。負責人雙臂交疊，瞇著眼睛，我一度以為她的鼻孔會噴出火焰。她回答了有十分鐘之久。整個過程中珊蒂都有禮地點著頭，帶著速食店店員接受點餐、或是某人聆聽前往購物中心路線的專注冷靜。我極為讚嘆。接著她轉向我說：「負責人她，嗯，很氣憤。負責人聽到這些事情非常……驚訝。她沒來沒有聽過這個故事。她說所有的員工她都認識，而且她任職已超過十年，要是真有這事，她一定會知情。還有，她感覺這是……非常變態的故事，所以恕難相助。」我倒十分樂意聽聽負責人回應的詳細內容，但念頭一轉又覺得最好不要。

回到計程車上後，我盡力向珊蒂解釋我的意圖。我道了歉，讓她經歷這些麻煩。她笑開了，我們兩人都笑了。我們笑得直不起腰，連司機都想知道什麼事這麼好笑，然後他也笑了。司機從小生長在海口，但是從未聽過關氏兄弟的故事。後來我才知道，珊蒂的朋友也是一樣。我們請司機讓我們在海口公共圖書館下車，進去搜尋原文報導。結果呢，《海南特區日報》並不存在，只有每星期出刊的《海南特區時報》(*Hainan Special Zone Times*)。珊蒂翻過所有一九九一年三月二十三日當周的報紙，沒有任何人肉餃子的相關報導。她也在老電話簿中尋找白寺餐廳，結果什麼都沒有。

海口沒有什麼事讓我戀棧了，所以我搭了巴士南下到三亞，那兒海灘美麗，天氣怡人，而且我還找到……另外一間火葬場。（珊蒂透過電話詢問負責人，得到的是一樣憤怒的回答。）那天下午，我在沙灘上攤開浴巾，距離敬告海灘遊客的木牌只有幾公尺遠——「請勿隨意吐痰」。我暗忖，除非這沙灘正為惡夢、潰瘍、眼睛發炎或是狐臭困擾。

人類學家會告訴你，人類之所以未定期食用其他人類的原因出自經濟考量。不過我聽說，確實有某些中美洲文化會飼養人類，例如將被俘虜的敵人士兵餵養一陣子，讓他們長胖。不過這並不實際，因為你餵給他們的糧食會超越你最終得到的食物。換句話說，肉食動物和雜食性動物是蹩腳的家畜。「人類將卡路里轉為體脂肪的效率極差。」密西根大學人類生長和發展中心的人類學退休教授賈恩（Stanley Garn）這樣說。我聯絡他是因為他在《美國人類學家》（*American Anthropologist*）上寫了篇關於人肉和其營養價值的論文，他說：「牛的效率好多了。」

但是我對食用敵軍俘虜文化的好奇，遠不及我對食用本族人的文化的興趣，那是遵循實用及「有何不可」模式的食人習俗。大啖新鮮屍肉是因為方便，而且還可以用來換換口味，不必總是啃芋頭。不用出門，不須捕捉敵人，也不用大費周章養胖他們，那麼營養上的經濟考量就有道理多了。

我找到一篇回應賈恩的《美國人類學家》文章，陳述事實上有部族不僅會食用陣亡敵人，也不放過自然死亡的本族同胞。不過身為加州大學聖地牙哥分校人類學者的作者瓦倫斯（Stanley Walens），亦說明在這些案例中，食人習俗多是儀式的一部分。就他所知，沒有文化會單純為了分配食物而分割死去的部落成員。

賈恩似乎不同意。「很多文化都吃自家死人的肉，」他說。不過我從他嘴裡問不出更多細節。他補充說明，很多部落——太多了，不勝枚舉——在缺乏糧食時會吞食嬰兒以控制人口數。他們是直接把嬰兒殺掉嗎？還是嬰兒已經死亡？我想知道。

「這個嘛，」他回答：「他們下肚時已經死了。」這似乎就是我和賈恩對話的經過。不知怎的，在聊天中，他將話題從營養性食人習俗轉到垃圾掩埋場（landfill）的歷史上頭。這的確是出人意料的轉折。接下來話題大致就停留在那兒了。「妳才應該寫本關於這主題的書，」他建議。我想他是認真的。

我聯絡賈恩是因為我在尋找一位作過人肉及人類器官營養分析的人類學家。就是，好奇嘛。賈恩的研究不完全符合，但是他分析過人肉的肥瘦比例，他測量人類的體脂肪差不多和小牛肉相同。為了求得數據，賈恩從平均人類體脂肪百分比外推。「現在大部分的國家都有這類的體脂肪資訊了，」他說：「所以我們可以決定要拿誰當晚餐。」我不禁想，牛肉跟人肉的類比有多恰當呢？人肉是不是像牛肉一樣，帶愈多脂肪就愈鮮美呢？沒錯，賈恩說。並且就像家畜，營養愈好的人肉，蛋白質含量就愈高。「世界上的小矮人沒有食用價值，」我必須假設他指的是第三世界營養不良的居民，而不是侏儒。

就我所知，今日只有一個種族的日常飲食可能包含為數可觀的本族死者，那就是加州的犬類。一九八九年，一項可笑的種族歧視法律條款出現了，目的在預防亞洲移民食用鄰居的狗（此行為本身就已違法，因為法律不許偷狗），而我在做追蹤報導時發現，由於加州空氣清淨法（California Clean Air Act）的規定，慈悲的人類社會已經捨棄焚化安樂死的寵物，而採用一名官員所謂的「提煉」。我打電話到一家提煉工廠，詢問狗都被提煉成什麼。「我們把牠們絞碎，做成骨肥（bone meal）。」工廠管理人告訴我。骨肥是肥料和動物飼料中的常見成分——這包括許多市面上流通的狗飼料。

當然，沒有人類死後會被製成肥料。除非他們自己心甘情願。

註釋

1 編按：此段出自《本草綱目》五十二卷人部木乃伊條，李時珍援引元人陶宗儀的筆記小說《南村輟耕錄》並加以評註：「回回田地有年七八十歲老人，自願捨身濟眾者，絕不飲食，唯澡身啖蜜。經月，便溺皆蜜。既死，國人殮以石棺，仍滿用蜜浸。鐫志歲月於棺蓋，瘞之，俟百年啟封，則蜜劑也。凡人損折肢體，食匕許，立癒。雖彼中亦不多得。俗曰蜜人，番言木乃伊。陶氏所載如此，不知果有否，姑附卷末以俟博識。」

2 這是指相對於鼷鼠、馬、老鼠、鵝、豬、羊、騾、驢或狗屎的人屎。狗屎尤其受歡迎，特別是白狗的乾糞，盛極一時的文藝復興時期藥方「Album Graecum」就是以此製成。《本草綱目》的用藥不只包含狗屎，還有從屎中取出的穀粒和骨頭。那時候的藥劑師想必煩心費神。

3 在過去，如果可能的話，盡量不要得癲癇，預防癲癇療方包括：蒸餾人腦、人類心臟乾、人類木乃伊製的大藥丸、童尿、鼠糞、馬糞、溫熱的鬥士鮮血、砒霜、番木鱉鹼、鱈魚肝油和硼砂。

4 當我對活在抗生素和非處方婦用藥膏Gyne-Lotrimin的年代充滿感激時，我卻對現代醫學在醫療術語上的影響感到悲哀。過去我們有淋巴結核（scrofula）和水腫（dropsy），現在我們有上心室性頻脈心律不整（supraventricular tachyarrhythmia）和舌咽神經痛（glossopharyngeal neuralgia）。你再也聽不到膿瘡（quinsy）、馬鼻疽（glanders）和皮疽病（farcy）。永別了！繁盛的肉芽組織（granulation）和腦軟化症（cerebral softening）。再見吧！溼疹（tetter）和耗熱病（hectic fever）。過去連處方都有一種平實、但撥人心弦的風味。一八九九年的《默克診療手冊》（*Merck Manual*）列出「梳妝打扮的時候熱熱地啜飲一杯加州卡爾斯巴（Carlsbad）泉水」，作為治療便祕的療方，還有

5

語意神祕難解的「內在移除」(removal inland)可治療失眠。

現在看不到西姆斯姿勢了，但是紐約中央公園的西姆斯醫師雕像倒是可隨時瞻仰。如果你不相信我，可以親自去查《直腸病學的羅曼史》(*The Romance of Proctology*)第五十六頁。(說到人體孔穴，西姆斯顯然是個外行人。)

11 出了火坑，進堆肥箱

其他新穎的了結方式

當一隻牛在送往醫院的途中不治，牠去不了停屍間。牠抵達的地方是大型的冷凍庫，例如柯林斯堡（Fort Collins）的科羅拉多州立大學（Colorado State University）獸醫教學醫院。就像大部分冷凍庫中的藏物，這兒的屍體置放方式充分利用空間。羊隻靠著牆堆起來，就像抵禦洪水的沙袋。牛隻從天花板的吊勾垂掛下來，讓人想起縱切牛肋剖面。一隻馬被腰斬，倒臥在地，像件喜劇秀後褪下的戲服。

農場動物的死亡，是一種將一切縮減為物質和實用目的的死亡方式：除了該如何處置外，鮮少有其他的問題。沒有靈魂需要接引，沒有哀悼者的出沒，死亡的監督者得以採行較實際的方法。遺體的處置有比較經濟的作法嗎？更環保的方式？遺體可不可以更物盡其用呢？面對我們自己的死亡，遺體處置長久以來是含納在追思和道別的儀式中。棺木入土，或者近年來棺木以機器計算、遙控送進火化爐時，送葬者都在場。由於現在大部分的火化程序都在哀悼者的視線之外，儀式之始與處置過程便被分離開來。這讓我們有機會開發全新的可能性嗎？

密西根佛明頓山麥蓋伯葬儀社的老闆麥蓋伯（Kevin McCabe）給了肯定的答案。不久的將來，他準備以科羅拉多州立大學處理羊、馬屍體的方式，來處理人的遺體。飼養家畜的人稱此過程為「組織消化」（tissue digestion），麥蓋伯則稱「水分減量」（water reduction）——由兩位退休的病理學教授凱依（Gordon Kaye）和生化教授韋柏（Bruce Weber）發明。凱依和韋柏在印第安那州印地安納波利斯（Indianapolis）成立的WR2有限公司（編按：公司原名為Waste Reduction by Waste Reduction。waste reduction意為廢物縮減），就是請麥蓋伯擔任殯葬顧問。

殯葬業中的屍體處置對WR2來說一直不在重要名單上，直到二〇〇二年春天，喬治亞州諾伯（Noble）的馬許（Ray Brant Marsh）將各地火葬場操縱員的優良名聲一併拖累蒙塵到無以復加的地步後，事情才有所改變。最後的統計數據顯示，馬許工作的三州火葬場周圍發現約有三百三十九具腐爛的屍體——堆在食庫中、丟在池塘裡、擠塞在水泥地窖中。馬許起初說是焚化爐故障，但是其實不然；接著關於他電腦檔案裡有腐敗屍體照片的謠言滿天。看來馬許不只吝嗇、不道德，而且是極為奇特。隨著屍體數目的增加，凱依開始接到電話，六通來自殯儀館負責人，一通來自紐約州議員，全都是為了知道，萬一大眾開始迴避火葬，殯葬用組織消化器（tissue digestor）多快可能啟用。（那時凱依估計為六個月後。）

幾小時內，凱依和韋柏的設備就可以將屍體的組織分解到僅剩原本體重的二%或三%。剩下的就是一堆去膠質（decollagenated）的骨骼，光靠手指的力量就可粉碎。其他成分都被化成WR2手冊中形容為無菌「咖啡色」的液體。

組織消化仰賴兩項關鍵成分：水和鹼（alkali/lye）。當你將鹼放進水中時，便創造出一種酸鹼值（pH值）環境，可以釋放水中氫離子來分解構成有機生命體的蛋白質和脂肪。這就是為什麼「水分減量」雖然是美化之詞，卻也十分貼切。「你利用水來分解身體中大分子的化學鍵結合，」凱依說。但是凱依沒有美化鹼液的意思。此人在屍體處理業已待了十一年（麥蓋伯則會說「遺體處理」）。「事實上，那就像加了通樂的高壓鍋，」凱依這樣形容他的發明。鹼液的作用多少和通樂雷同。當你吞下它時，你不會消化它，是它消化你。和酸液比較起來，鹼的好處是大功告成後，這種化學物質不會再起化學反應，因此沖下水管安全無虞。

毫無疑問，以組織消化的方式來分解死亡的動物十分便利。它摧毀病源，而且更重要的是，它能摧毀普恩蛋白（prion）——包括那些引發狂牛症的蛋白——光是燃燒脂肪也不一定能達到相同效果。它也不似焚化爐會造成汙染。而且不須使用天然瓦斯，整個過程約是火化成本的十分之一。

那麼這對人類有什麼好處呢？如果他們是殯儀館的經營人，利益在於經濟層面。一座殯葬消化器索價不至於過高（不到十萬美元），而且如先前所提到的，運轉成本只需火葬的十分之一。消化器在鄉村地區尤其好用，那裡的人口不足以讓焚化爐持續運轉來推持最佳狀態。（點燃再完全冷卻，接著再次反覆燃燒會損害焚化爐內層的襯套；理想的情況是讓火燃燒不止，只要降低火勢即可清理骨灰，放進下一具遺體，但前提是有一長串排隊等候的遺體。）

那麼這種處理方法對那些殯葬業以外的人有什麼好處呢？假若親屬的支出和火化差不多，為什麼有人要選擇別的方式？麥蓋伯是個多話殷勤的中西部人，我問他打算如何向哀慟的親屬推銷這樣的處理方式。「簡單，」他說，「對那些走進來說『我要火化』的親屬，我就說：『沒問題。你可以火化他，或是試試我們的水分減量法。』他們就會問：『那是什麼？』這時我就說明：『這個嘛，就像是火化，只是我們以高壓水取代焚化。』然後他們就立刻說：『好！就這麼辦！』」

然後媒體會說：「那裡面有鹼。你用鹼把它們煮爛！」我問，麥蓋伯，你不覺得你有點避重就輕嗎？「噢，對，他們會知道全部過程。」他說：「我和大家談過，他們不以為有什麼問題。」我不知道他說的這話可信度如何，不過他接下來說的我完全同意：「再說，看著別人被焚化可不賞心悅目。」

我決定我得親眼觀察這項過程。我聯絡佛羅里達州甘城（Gainesville）州立解剖委員會的主席，此機構在過去五年中以消化器處理解剖室的遺體殘存物——這裡是以「縮減式焚化」的名義進行，以規避州法令中捐贈遺體須被火化的規定。當我得不到回應時，凱依幫我聯絡科羅拉多州立大學。這就是我為什麼會置身於科羅拉多柯林斯堡放滿家畜屍體的冷藏庫中。

消化器蹲坐在距離冷凍庫約四點五公尺的裝載臺上。它是個不鏽鋼製的大圓桶，大小及圓周和加州按摩浴缸類似。確實，它們可以裝滿大概相同質量的加熱液體和順從的軀體：約為一千七百磅。

今天下午安排消化器的人員是個聲調柔軟的野生動物病理學家史巴徹（Terry Spracher）。史巴徹褲子外頭套著塑膠靴子，雙手戴著橡膠手套。靴子手套上有鮮血痕跡，因為他正進行羊隻屍體的剖驗（necropsy）。[1] 無論他的工作性質，這是個愛護動物的男子。當他得知我住在舊金山時，眼睛立刻亮起來，告訴我他很喜歡去這個城市，原因不是因為山丘、漁人碼頭或是餐廳，而是因為海洋哺乳動物中心。那是一間位於偏僻海岸的生態中心，負責收容與野放沾滿汙油的水獺和象鼻海豹孤兒。我想這就是從事和動物相關行業的現實面。如果你處理的事情涉及動物的生命，你通常也得處理牠們的死亡。

在我們的頭頂上，此設備的穿孔襯墊籃從天花板軌道上的液壓吊重機垂掛下來。一個寡言的紅髮實驗室助理克雷蒙斯（Wade Clemons）按下按鈕，接著籃子從裝載臺橫越至冷凍庫的門前，克雷蒙斯就等在那裡。當他裝滿了籃子，他和史巴徹便將籃子導向消化器上空，然後降下。「就像炸薯條。」史巴徹輕聲說。

從冷凍庫吊重機垂掛下來的是巨大的鋼鉤。克雷蒙斯彎腰將固定在馬頸底部一條厚實肌肉上的第二根鉤子扣上。按下按鈕。馬屍的前半部緩緩上升。這是一幅令人不安的混合景象：同時有我們熟悉、平靜、沮喪的馬臉，女孩們曾撫摸的光滑鬃毛和頸項，又有瘋狂恐怖片的血腥。

克雷蒙斯先裝運一半，再鉤上另外一半，將其降下，與已經在那兒的夥伴並列，對半的身軀重逢，就像盒中新鞋一樣相配。帶著雜貨店裝袋工的老練嫻熟，克雷蒙斯裝進羊、小牛和解剖室二桶九十加崙「內臟桶」中不知名的滑溜物，直到籃子滿了為止。

接著他按下操縱鈕，籃子即順著天花板軌道步上一段緩慢短暫的旅程，越過裝載臺後抵達消化器。我試著想像一群送葬者佇立在旁，一如絞盤放下棺木時在墳墓旁哀悼的親友，或是當棺木緩緩被輸送帶送進入焚化爐時，留在火葬場接待室中的親屬。當然如果換成了殯葬用消化器，可能為了尊嚴必須作些調整。例如改用圓柱狀的輸送籃，而且每次只處理一具屍體。麥蓋伯不認為這是家屬會圍觀的場景，不過「假如他們想要參觀設備，那麼非常歡迎」。

輸送籃已就定位，史巴徹關閉消化器的鋼製升降口，並按下一連串電腦控制臺的按鈕。當水和化學物傾洩進槽中時，類似洗衣機的攪拌聲清晰可聞。

隔天我又為了籃子的升起折返。（這樣的量，整個過程通常耗時六個鐘頭，不過科羅拉多州立大學需要加大他們的管線。）史巴徹拔開升降口的門閂，打開蓋子。一點味道也沒有，因此我壯著膽子把頭探進桶內端詳。現在我聞到了：濃烈獨特的味道，既陌生又倒胃口。凱依將此味道形容為「肥皂味」，讓人不禁想問他的衛浴用品是在哪裡買的。大致說來籃子是空的，想想當初它進到消化器的滿盛，真是滿嚇人的。克雷蒙斯啟動吊重機，籃子從機器內升起。底部殘留著一隻腳和一半的骨殼（bone bulls）。我決定相信凱依的話——只要用手指就可以把那些東西捏碎。

克雷蒙斯在靠近籃子底部的地方開了扇小門，然後把骸骨刮進垃圾箱。雖然這不比清空焚化爐來得可怕，但我仍然很難想像這成為美國殯葬傳統的一部分。不過換個角度，殯葬業版本應該有所不同。如果這是殯儀館的消化器，殘餘骨骼會是乾燥的，再來，若不是磨成粉狀灑出、就是如麥蓋伯所想的，放在「骨灰盒」中，類似一種可供儲於地窖或埋葬的迷你棺木。

除了骸骨之外，所有的物質都成為一體，從下頭的排水管流失。回到葬儀社時我問麥蓋伯，如果親人身亡後軀體分子最後竟流到市立排水溝系統，他該如何處理這些潛在的煩擾。「大眾似乎沒什麼意見，」他說。他將之和焚化對比，繼續說：「你不是下到排水溝中，就是升到大氣中。有環境意識的人知道我們將無菌且酸鹼中性的東西排到水溝中，遠比讓（來自牙齒填充材料的）汞進入空氣中理想。」[2]麥蓋伯想要靠環保意識推銷這種處理方法。有用嗎？

謎底就要揭開。麥蓋伯蓄勢待發，在二〇〇三年接生世界第一座殯葬用組織消化器。

你只須看一眼火葬的來龍去脈，就會瞭解要美國人改變處理死者的方式絕非一蹴可及。最好的辦法就是買本普羅瑟洛（Stephen Prothero）的著作《在火焰中淨化：美國火葬史》（*Purified by Fire: A History of Cremation in America*）。普羅瑟洛是波士頓大學（Boston University）宗教系教授，一位高明的作者，也是備受推崇的歷史學家；且看他的著作所使用的參考書目，第一手和二手資料的出處加總起來便超過兩百多筆。要不你也可以閱讀以下段落，這基本上是通過我腦中組織消化器所形成的普羅瑟洛作品片段。

反諷的是，美國提倡火葬人士最早也最有力的論點之一，就是火葬比土葬來得環保。在十九世紀中期，民眾普遍相信（而且誤信）土葬後腐爛的屍體會散發出毒氣，汙染地下水，然後順著泥土往地面攀升，形成盤旋墳墓上方的致命「沼氣」，玷汙空氣並使經過的人發病。火葬被視作一個清潔衛生的選擇；而若不是因為美國的首度火葬最後證明是場宣傳災難，也許從那時就會流行起來。

美國的首座火葬場建於一八七四年，建地來自勒莫音（Francis Julius LeMoyne）的捐獻，他是位退休的醫師、廢奴主義者和教育提倡者。雖然他在社會改革方面的貢獻令人折服，但是他對個人衛生的信仰，可能會使他致力葬禮清潔純淨的改革成效大打折扣。據普羅瑟洛所述，勒莫音相信「造物主從未有讓人體接觸水分的打算」，因此，他總是帶著個人沼氣四處奔波。

勒莫音第一位上門的顧客是勒龐（Le Palm）男爵，他即將在一座公共墓園中被火化，而全國和歐洲媒體都受到邀請。勒龐為什麼要求火葬似乎有難言之隱，但是在滿團疑雲之中隱含被活埋的強烈恐懼，因為他宣稱曾遇過一名被活埋的女子（照這樣說來顯然埋得不深）。事情的結果是，勒龐先生在火葬前已死了數月，因此必須先行防腐。他最後成了當年馬虎的即興防腐技術的受害者，以至於當群眾中——多半是未受邀請的鎮民——有人胡鬧地把遮蓋遺體的壽布扯開時，他看起來不是最出眾的樣子。卑劣的笑話傳開，學童竊笑，全國各地的報紙記者批評彷彿嘉年華般氣氛，敗壞了應有的肅穆。火化因此在初期便葬身墳墓。

普羅瑟洛猜測勒莫音犯下的錯誤是呈現了一場過於世俗的喪禮。他那毫不傷感、不提來生及萬能之主的儀式致詞，還有樸拙、功能性的焚化爐設計（記者將之比擬為「烤箱」和「大雪茄盒」），對習於維多利亞式喪禮的正式追思禮拜和滿載鮮花棺材的美國人來說，不啻為一場冒犯。美國人還沒準備好接受異教徒的喪禮。一直要到一九六三年——當天主教會順應第二次梵蒂岡會議的改革，解除火葬禁令——火葬處理法才真正開始通行。（一九六三年是火葬成功推行的一年。就是這年夏天，已故的密特福撰寫《美國式的死亡》，揭發了殯葬業中的欺騙和貪汙醜聞。）

普羅瑟洛認為歷史上改革喪禮的有志之士，是因為不滿浮誇的宗教虛飾而心生創見。他們散發宣傳手冊，不厭其煩地訴說墳墓的恐怖和可能造成的健康損害，但是真正煩人的是傳統基督教喪禮中的揮霍和虛偽：洛可可式的棺木、花錢雇來的哀悼者、巨額花費和土地的浪費。像勒莫音這樣的自由思想家嚮往一種更純淨、簡單、回歸原始的形式。不幸的是，正如普羅瑟洛所指出的，這些人往往過度強調殯葬的功能主義，不但激怒了教會，也疏離了民眾。比如一名美國醫生提倡節約計畫，藉由火葬前先將死者剝皮製成皮革來發揮實用的美德。還有倡導拿死屍脂肪來當街燈燃料的義大利教授，估算每天在紐約死亡的二百五十人每日可供給三千六百磅的燃料。又比如說支持火葬的湯普森（Henry Thompson）爵士冷靜地換算出，將每年倫敦約八萬具的屍體焚化後的殘餘物製成肥料，價值約五萬英鎊，雖然顧客（假設有顧客上門的話）肯定拿不到好價錢，因為以焚化殘存物製造的肥料品質不佳。如果你想要用死人滋養花園，你最好採用黑依博士的方法。黑依（George Hay）博士是個家住匹茲堡的藥劑師，據一八八八年的報紙報導，他倡導將遺體磨成粉末，「盡快回歸自然，如果沒有其他作用，還不如充當肥料。」此篇報導黏貼在麻州劍橋奧本山墓園歷史檔案的剪貼簿中，文章中大量引用黑依博士的文字：

> 機器的設計可以先將骨骼碎裂為雞蛋大小，並磨成彈珠大小的碎球體，接著已破碎斷裂的骨堆可用剁碎機加上蒸氣再次粉碎。在這個階段我們得到的是，整個身體結構已經均勻攪成塊狀的生肉和生骨。這些團狀物接著以攝氏一百二十度的蒸氣完全乾燥……這一來可將物質簡化到容易處理的狀況，並可達到消毒的作用……。一旦達到這種狀態，就可當肥料賣出好價錢。

無論你有沒有心理準備，這使我們想到現代的人類肥料運動。此處我們要遠征到瑞典哥德堡（Gothenburg）西邊的一處名為利倫（Lyrön）的小島，這裡是四十七歲生物學家兼實業家魏格—馬沙克（Susanne Wiigh-Masak）的家鄉。二〇〇一年，魏格—馬沙克創辦了一家殯葬公司「承諾」（Promessa），訴求以有機肥料的精進技術取代焚化（七十%瑞典人的選擇）。這可不是瘋狂的環保偏激分子成立的家庭式殯葬業。魏格—馬沙克有古斯塔夫國王（King Carl Gustav）和瑞典教會的背書。她的事業爭取成為全國首度將死者製成堆肥的「冰葬場」。有位死者已準備妥當（一名病危患者聽到廣播後和她取得聯繫；他現在已經被安置在斯德哥爾摩的冷凍庫中）。她有企業的支持，有國際專利，還有超過兩百篇媒體的報導。而且來自德國、荷蘭、以色列、澳洲和美國的殯葬專家已經表達在本國代理「承諾」科技的興趣。

令人格外訝異的地方在於，她的提議跟黑依博士之前的想法相當接近。倘若一個人死在烏普薩拉（Upsala）好了，而他生前在教會發的遺囑上勾選，「當我死亡時，如果可以的話，我願意舉行環保的新式冰葬」。自願者的遺體將被運送至一間認可「承諾」公司技術的醫院，放進一桶液態氮中冰凍。進入第二間房間後，超音波或是機械震動會將易碎的軀體分裂成小碎塊，[3]約像碎肉的大小。這些冰凍的碎片接下來會以冷凍脫水，然後成為教堂紀念墓園或是自家庭園中某棵追思樹或灌木的肥料。

黑依和魏格—馬沙克的不同是，當黑依建議我們以屍體滋養農作物時，純粹是出自務實的角度，希望人死後能物盡其用。魏格—馬沙克並非功利主義者，而是環保人士。而在歐洲的某些區域，環保的份量相當於宗教信仰。正因為如此，我認為她能成功。

要瞭解魏格—馬沙克的教義，應該去參觀參觀她的肥料堆。她和家人在利倫島上租了一畝半的地，而堆肥就位在這片地的穀倉旁。魏格—馬沙克向客人介紹堆肥的方式，就像美國人炫耀家中新裝設的娛樂中心或是么兒的成績一樣。那是她的驕傲，甚至說是她的樂趣也不為過。

她將鏟子伸進肥料中，剷起一坨混合肥沃土。土堆外貌複雜，充滿不知名的零碎物，好像沒有大人在旁指導的孩子烤出來的千層麵。她指出裡頭有幾星期前死亡的鴨子的羽毛，有她丈夫彼得在島的另一端養殖的貽貝蚌殼，還有上周涼拌捲心菜絲中的白菜。她解釋堆肥並不等於腐爛，人類的需求和堆肥的需求相似：氧氣、水分、攝氏三十七度上下的氣溫。她的論點是：我們都是大自然，都是由相同的基本物質所構成，有著相同的基本需求。回歸到最基礎的層面，我們和鴨子、貽貝、上周的涼拌捲心菜絲沒有兩樣。因此我們理當尊重大自然，而我們死去時，也應該回歸大地塵土。

魏格—馬沙克似乎察覺到我倆的認知不完全在同一面書頁上，如果按照圖書館杜威十進分類法一查，說不定根本不在相同的類別。她問我是否施堆肥？我解釋說我沒有花園。「原來如此，」她想了想。我感覺對她來說，這樣的說詞與其說是解釋，還不如說是招供。現在我覺得我更像過期的涼拌捲心菜絲了。

她回到堆肥泥塊上。「堆肥不應該是醜陋的，而是美妙、浪漫的，」她對死屍的觀感亦然。「死亡帶來了新生命的可能性。軀體化作別的事物。而別的事物盡可能帶來積極的影響，這就是我的希望。」她說到，人們批評她將死者貶到花園廢物的層級，而她看待的方向則不同。「我說，讓我們把花園肥料提升到人體的層級。」她要表達的是，所有的有機體都不該只是殘渣廢物，它們全都應該回收。

我等她把鏟子放下，但是鏟子卻向我逼近。「聞一聞，」她把堆肥湊到我臉前。我不至於將堆肥的味道形容為浪漫，不過聞起來的確不像腐敗的垃圾。和我這些日子以來聞到的東西相比，這算得上是芬芳的花束了。

魏格—馬沙克不是首位將人體作成堆肥的人。這項殊榮屬於名為伊凡斯（Tim Evans）的美國人。我在拜訪田納西大學人體腐爛研究機構（請見第三章）時已聞伊凡斯大名。當他還是個研究生時，就調查過人體肥料用於第三世界國家的可能性，那裡的多數人無法負擔棺木或火化的費用。伊凡斯告訴我在海地和中國某些農村區域，窮人家或是無人認領的屍體常被倒在露天的坑中。在中國，這些屍體會再以高硫煤（high-sulfur coal）燃燒。

一九九八年，伊凡斯取得一具生前頗不得志的死者遺體，是由家屬捐贈給大學。「他從不知道下場會變成堆肥。」當我在電話中詢問時，伊凡斯如此回憶道。一概不知也許更好。為了供應分解組織的必要細菌，伊凡斯以肥料和馬廄中的髒木屑將遺體製成堆肥。（魏格—馬沙克則不會加肥料；她打算在每箱遺體中混進「一帖」低溫脫水的細菌。）

這名男子以全屍入土，伊凡斯必須三番兩次拿著鏟子、耙子翻攪泥土使之與空氣接觸。這就是為什麼魏格－馬沙克打算用超音波或機械震動方式將屍體分解的緣故。體積小的塊狀物較容易吸收氧氣，迅速變成堆肥並同化，而且馬上可以用於種植。另外也是為了尊嚴和美感。「轉成堆肥的屍體必須是無法辨識的，」魏格－馬沙克這樣說。「一定要成為一小塊一小塊。你無法想像一家人圍坐在餐桌旁，接著有人說『喂，司凡，該換你出去翻翻媽了？』」

確實，伊凡斯的工作聽來有點難應付，雖然在他的例子中環境的影響大於行為本身。「要跟堆肥工作真難。」他告訴我：「我以前會想：『我在這裡幹麼？』然後我又會帶上眼罩，繼續工作。」

這位成為堆肥的男子花了一個半月完成他回歸土地的旅程。伊凡斯對結果十分滿意，他將之形容為「非常黝黑、肥沃的東西，有非常優良的保溼能力」。他提議寄給我一份樣品，而這是否非法我不確定。（要將未經防腐的遺體運送越過州界需要許可，但是法律條文中沒有關於運送堆肥屍體的規定。我們決定作罷。）伊凡斯也欣喜地注意到在接近尾聲時，一株健康的雜草已經從堆肥箱頂端冒出。他原本憂心一些體內的脂肪酸如果沒有徹底分解的話，會毒害植物根部。

最後，海地政府禮貌地婉拒了伊凡斯的提議。中國政府——無論是基於熱切的環保考量或是節省經費的意圖（因為肥料比煤便宜）——確實對替代露天窪坑燒煤的人體堆肥表現出興趣。伊凡斯和他的指導教授瓦思，準備了一篇人體堆肥實際益處的白皮書（「……這種物質可以安心用來作為肥料或土壤改善等土地相關應用」），但是沒有得到進一步的回音。伊凡斯有和南加州獸醫合作的計畫，讓寵物主人可以選擇堆肥。就像魏格—馬沙克，他想像家庭中種下的樹或灌木吸收了死者的分子，成為生意盎然的紀念物。「這是科學能做到最接近生命輪迴的地步，」他告訴我。

我問伊凡斯是否準備進軍殯葬業，他回答，這牽涉到兩個問題。如果我問他是否想推廣堆肥法，答案是肯定的；可是他不確定是否應該透過殯儀社。「我覺得有趣的是，大眾對殯葬業現階段的執業有種輕蔑。」他說：「死亡不應該讓人過度花費。」最終他希望透過自己的公司提供這項服務。

我接著問，在他想像中，他會如何宣傳、如何讓事情開始運轉。他曾試著引起某些名人的興趣，希望得到諸如保羅．紐曼（Paul Newman）或是華倫．比提（Warren Beatty）之類的名人代言，好比提莫西．利瑞（Timothy Leary，譯註：六〇年代迷幻運動主要倡導者，曾斷言毒品將開啟整個宇宙）代言太空葬禮一樣。當時伊凡斯住於堪薩斯州的羅倫斯（Lawrence），於是他致電給同鄉布洛斯（Kansan William S. Burroughs, 1914-1997。譯註：美國作家，著名作品為一九五九年出版的《裸體午餐》〔*Naked Lunch*〕，書中情節安排和敘述技巧違反傳統敘事手法，引起美國文壇廣泛討論。臺灣由商周出版），因為他恰如其分的特立獨行和瀕臨垂死的狀態，說不定會願意考慮。但是沒有人回電話。最後，他真的嘗試聯絡保羅．紐曼。「他的女兒為殘障兒童的復健經營馬場。我以為我們可以用得上他們的馬糞。」伊凡斯說。「他們一定心想：『真是個怪胎』。」伊凡斯一點也不怪。他只是個自由思想家，思考一般人不願碰的議題。

伊凡斯的指導教授瓦思的話為此下了最好的註解。「堆肥法是種美好的可能，只是這個國家的心態還跟不上腳步。」

瑞典人的心態就開放多了。人的生命以柳樹或杜鵑叢的形象續存，也許能輕易取悅一個滿是園丁和回收者的國度。我不知道有多少瑞典人擁有花園，但是植物似乎是生活中重要的一部分。瑞典商業大樓的大廳裡的盆栽樹木像是小型森林。（我在銀雪平市〔Jönköping〕路旁的一家餐廳的旋轉門中看到過榕樹桑科植物。）瑞典人是務實的民族，欣賞簡單，但是害怕噱頭。瑞典國王的信箋上只有皇徽的浮水印，不仔細看就像尋常的奶油色信紙。旅館房間的設備正好符合一般旅客的需要，一點也不多餘。[4]一疊信紙，不會是三疊，廁所衛生紙的尾端不會被摺成三角形。冷凍脫水後簡化成一袋衛生的堆肥、回歸成為一株植物的養分，我想正投瑞典人所好。

但這不是瑞典能成為推行人體堆肥運動的好地方的唯一原因。推波助瀾的是瑞典的環保法令出現了牙齒填充物中揮發性汞的相關規定，許多火葬場業者因此受到打擊，必須在未來兩年將設備升級。魏格—馬沙克說，業者購置她的設備比配合政府法令還要節省成本；而土葬在瑞典早在數十年前就已褪流行。魏格—馬沙克解釋瑞典人不愛好土葬的原因之一，就是必須和他人共用墳墓。入土二十五年後，再把墳墓挖開，然後如魏格—馬沙克形容的，由「戴著瓦斯面罩的人」把你拖出來，把墓掘深一些，然後把別人埋在你上頭。

這不表示「承諾」公司沒有面臨任何抗拒。如果堆肥法終將實現，魏格—馬沙克必須說服那些生計即將受到影響的人：殯葬業者、棺木製造商、防腐業者。這些人的工作即將不保。昨天她到銀雪平的教區行政人員會議中演講，與會者皆是教堂紀念墓園中以人體堆肥栽種植物的支持者。她在演講時，我在聽眾中搜尋嘲笑或翻白眼的神情，但是沒有發現任何類似的情況。大部分的評論似乎是正面的；不過這也很難說，因為回應以瑞典文進行，而我的翻譯員是個完全的新手，不時查詢一張列了一連串瑞典文和英文的殯葬及堆肥法字彙的對照表（formultning；腐朽、敗壞）。這時，一位穿著深灰色西裝、髮絲漸疏的男子舉手發言，他認為堆肥法奪走了身為人類的特殊性。「在過程中，我們就像死在樹林中的動物一般，」他說。魏格—馬沙克解釋，她關切的是軀體，至於靈魂或精神，一如往常，是由家屬選擇的追思會或儀式來處理。他似乎沒有聽到這點。「妳環視這個房間時，」他問道：「看到的僅是一百袋肥料嗎？」我的翻譯員悄悄告訴我，這人是個殯葬業者。顯然有三、四個跟他立場相似的不速之客。

當魏格—馬沙克的說明告一段落，聽眾魚貫走向大廳後方取用咖啡和糕餅，我加入了深色西裝男子和他的同業。我的對面坐著一位髮鬢霜白的男子：寇特（Curt）。他也穿著西裝，不過是格子花圖案的，渾身散發著一股歡樂的氣息，我很難將他想成葬儀社老闆。他說，他認為生態葬禮也許在十年內就會實現。「從前是神職人員告訴大眾該怎麼做，」他指的是紀念儀式和遺體的處置，「今天是大眾告訴神職人員該怎麼做。」（根據普羅瑟洛的說法，火葬也是相同的情形。灑骨灰的引人之處，就是殯葬承辦人將手中的最後一道儀式，交接給至親好友，讓他們表達個人的親密情感，而這些都可能遠遠超出殯葬業者所能做的。）

寇特又說，因為汙染的緣故，最近的瑞典年輕人開始捨棄火葬法。「現在年輕人可以去跟祖母說：『我有個新方法妳可以考慮——洗個冷水澡！』」接著他大笑拍手。我決定以後就要像他這樣的人來主持我的喪禮。

魏格—馬沙克加入我們。「妳是個很不錯的推銷員，」穿灰色西裝的男人告訴她。他任職於斯堪的那維亞半島最大的殯葬公司「佛努司」（Fonus）。男子先讓魏格—馬沙克接受了讚美，再潑她冷水：「但妳沒說服我。」

魏格—馬沙克眼睛眨也不眨。「我本來就預期會有一些負面反應，」她告訴男子：「所以當我注意到幾乎在場聽眾看起來都十分滿意，我又驚訝又高興。」

「相信我，他們並不滿意，」男子口吻愉悅。若不是我有翻譯在旁，我還以為他們是在討論糕點。「我聽見他們在評論些什麼。」

在回利倫島的途中，這名男子成為我們口中的「討厭鬼」。

「希望我們明天不要見到他，」魏格—馬沙克跟我說。隔天下午三點，她準備在斯德哥爾摩佛努司的地區主管前報告。她能在那兒發言是種驕傲。兩年前，他們置她的電話不理；這次是他們自己找上門來。

魏格—馬沙克沒有正式套裝。她發表報告時穿著美國服裝服碼仲裁人所稱的「俐落休閒」式長褲和毛衣，她長及腰部的麥色長髮則編成辮子，夾在腦後。這些場合她脂粉不施，不過她的臉頰泛起微紅時，顯得神采奕奕。

在過去，這種自然的作風助了魏格—馬沙克一臂之力。當她在一九九九年會見瑞典教會的神職人員時，他們對她毫不商業化的風度感到放心。「他們告訴我：『妳真的不像個推銷員。』」她一邊為了斯德哥爾摩佛努司總部之行著裝，一邊這樣告訴我。她真的不像。如果計畫進行順利，那麼魏格—馬沙克持有的五一％「承諾」股分將會有豐碩的獲利，不過財富顯然不是她的動機。魏格—馬沙克從十七歲起就是死忠生態保護分子：她寧願搭火車、不開車，就為了減輕環境的負擔；她認為西班牙的海灘就已足夠，為了減少飛機燃料不必要的浪費，不該千里迢迢飛到泰國度假。她直言承認「承諾」和死亡關聯不大，但和環境息息相關，本質上是個傳播生態學福音的媒介。屍體吸引媒體和公眾注意力的方式，是單純的環保訊息沒有辦法做到的。她是社會議題倡導者之中的異數：一個不對環保皈依者講道的環保分子。今天就是個例子：十個殯葬公司主管準備正襟危坐一個鐘頭，聆聽透過堆肥法回歸地球的重要性。這十分罕見吧？

佛努司總部位於一棟平凡無奇的斯德哥爾摩辦公大樓中三樓較佳的樓面。對於該如何將色彩、自然融入環境中，室內設計師的靈感已經枯竭。幾張咖啡桌的周圍環繞著像是室內籬笆的樹木盆景，盆栽間矗立著一片玻璃窗大小的熱帶魚缸，光亮無瑕。看不出死亡的陰影。接待櫃檯上一盆印有佛努司標誌的免費衣刷（lint brush）吸引了我的視線。

魏格—馬沙克和我被介紹給公司的副總裁烏夫・赫辛（Ulf Helsing）。這個名字在我聽來成了「精靈」(Elf) 赫辛，我暗自偷笑。赫辛像其他大廳內的精靈一樣穿著相同的灰色西裝，一致的寶藍襯衫，一致的柔和領帶，翻領上別著銀色的佛努司別針。我問赫辛為何舉辦這場會議。如魏格—馬沙克所預期的，是因為瑞典的火葬場（直到最近仍是由教會經營）要提供冷凍脫水的服務。殯儀館純粹想讓顧客知道有這項選擇——當然也可以隱瞞，全看他們怎麼決定。「我們低調地從報紙上觀察了一陣子，」他故作神祕地說，「現在該是主動瞭解的時候了。」可能促使這項決定的因素是，三百名在佛努司網站填寫調查的人中，有六二%表示對生態葬禮感到有興趣。

「妳知道，」赫辛一邊攪動咖啡一邊補充：「低溫脫水遺體不是個新主意，妳國家的人大概十年前就想出來了。」他說的是美國奧瑞岡州優境市（Eugene）的退休科學教師貝克曼（Phillip Beckman）。魏格—馬沙克和我談起過他。貝克曼就像伊凡斯、還有過去其他的火葬支持者一樣，因為唾棄喪禮的奢華而突發奇想。他有幾年的時間在阿靈頓國家公墓（Arlington

National Cemetary）安排軍事殯葬事宜，不過大部分的時間無人上門。這點加上他在化學方面的背景，使他對土葬之外還有冷凍脫水可選擇產生興趣。他知道液態氮是某些工業過程中的廢棄物，遠比天然氣廉價。（魏格—馬沙克估計每具屍體花費三十美元的液態氮；火化耗費的瓦斯則需一百美元。）為了將經過冷凍的屍體分解成為小塊、變為可供低溫脫水的碎狀體，他提議將屍體投入機器中，因為要冷凍脫水一整具人體需要超過一年的時間。「就像他們處理重組牛肉的機器，」貝克曼對我解釋。（「那是鍾磨機！」魏格—馬沙克後來告訴我。）貝克曼成功取得這處理過程的專利，可是當地殯葬業者反應冷淡。「沒有人想談這件事，所以我就放棄了。」

會議準時開始。十位公司的區域主管，帶著筆記型電腦和彬彬有禮的凝視，在會議室中集合。魏格—馬沙克以有機和無機遺體的差別開頭，說明火化後的殘餘物幾乎沒有營養價值。「當我們燃燒遺體時，我們並未將它還給大地。我們由大地滋養，因此應該回歸大地。」在場聽眾皆有禮地靜默傾聽，除了坐在後排像兩個沒家教的女學生般咬耳根的翻譯員和我。我注意到赫辛在寫些什麼。一開始他好像是在記筆記，但是他接著將紙摺起，趁著魏格—馬沙克轉過身去時，將紙頭滑過桌面傳給另外一個人，那人將紙條塞在筆記本下，直到魏格—馬沙克再次轉身再拿出來看。

他們先讓魏格—馬沙克講了二十分鐘才開始提問。赫辛帶頭質疑。「我有個關於倫理的問題，」他說：「一隻麋鹿死在樹林中，只須躺在地面上就是回歸大地了，妳這裡做的卻是將遺體分解。」魏格—馬沙克回答說，事實上，死在林中的麋鹿很有可能被腐食動物撕裂吞食。而無論誰吃了麋鹿，所製造的排泄物不也就是某種形式的麋鹿堆肥？並且成功達到目標。不過她認為那絕非家屬可以坦然接受的方式。

赫辛的臉色紅了一陣。這不是他在對話中企圖得到的結果。他堅持：「但是妳看得出來這樣碎裂人體的倫理問題嗎？」魏格—馬沙克以前就聽過這種論點。一名她在計畫初期接觸的丹麥超音波公司技師，就是因為這個理由拒絕和她合作。他覺得將超音波塑造成非暴力的分解組織方式是不誠實的。魏格—馬沙克毫不退縮。「聽著，」她向殯葬業者說：「我們都知道要將身體化成粉末需要一種能源。但至少超音波有正面的形象；你看不到暴力。我希望家屬可以在一面玻璃窗後送葬，我希望能讓孩子觀禮，而且看到的景象不致使他哭泣。」在座者互換眼神，有個人玩弄著筆，發出喀噠一響。

魏格—馬沙克悄悄採取防禦的姿態，「我想如果你在棺木中架設攝影機，我們不會多喜歡鏡頭中的自己。那景象是十分恐怖的。」

有人詢問冷凍脫水為什麼是必要的。魏格—馬沙克的回答是，如果你不移除水分，在碎塊尚未回到土地前就開始腐爛發臭了。但是你不該拿掉水分，提問者反駁，因為那構成七十%的人體。魏格—馬沙克解釋，我們體內的水分每日都在變化。那是借來的。它來來去去，你的水分子再與別人的水分子融為一體。她指向提問者的咖啡杯。「你在喝的咖啡是你鄰居的尿液，」

你不得不讚嘆一個能在公司報告中吐出「尿液」（urine）兩字的女人。

不斷在玩筆的人首度提出懸在每個人心頭上的議題：棺材，還有生態喪禮運動會造成的利潤損失。魏格—馬沙克寄望冷凍脫水後的粉狀遺體能置於可生物分解的小型玉米澱粉棺材內。「所有的人都對我的提議不滿，因此這的確是個問題，」魏格—馬沙克承認：「不過我想未來會有新的想法出現。」她微笑著說。（就如火葬儀式的追思會中有標準棺木可供租用。）

火葬支持者也曾面對類似的反對。多年來，根據普羅瑟洛的著作，殯葬業者的守則就是告訴顧客灑骨灰是非法的，但實際上除了少數特例外，這並不是事實。家屬被鼓吹在納骨塔內購買骨灰甕和壁龕，甚至購置一般的墓地，就為了埋葬骨灰甕。但是若家屬堅持追求簡單、有意義的獨特儀式，而灑骨灰趕上了這股思潮。火葬前追思儀式的出租棺木，還有較低廉的硬紙板「火化容器」也是一樣的道理。「租用棺材存在的唯一理由，」麥蓋伯曾告訴我：「就是因應大眾的要求。」「承諾」成立以來所受到的萬般矚目迫使殯葬工業面對這樣的可能性——不久消費者就會要求使用堆肥法。（一家瑞典報紙去年所進行的民調中，四十％的受訪者表示他們願意接受遺體冷凍脫水並用於栽種植物。）就算瑞典的殯葬業者短期內不會積極推薦生態葬禮，他們可能也不會再完全拒之於門外。正如一位友善的年輕佛努司區域主管哥漢森（Peter Göransson）所言，「一旦事情起了頭，就沒完沒了。」

最後一個問題由坐在赫辛旁的男子提出。他問魏格—馬沙克是否考慮先推銷動物死亡。她態度強硬地表示絕不考慮。她告訴提問者，如果「承諾」變成一家處理牛屍或寵物屍體的公司，等於是喪失了處理人體需要的尊嚴。要將尊重這項要素和人體堆肥連結已經夠困難了。至少在美國是如此。不久之前，我致電給天主教會在美國的官方代言機關「美國全國主教會議」(U. S. Conference of Catholic Biships)，詢問他們對於冷凍脫水和堆肥法作為埋葬之外的選擇有何意見。我被轉接至教義部的史金考斯基（John Strynkowski）蒙席（Monsignor，編按：教宗特別助理）。他同意堆肥以及滋養土地，和苦修會士簡單的殮布埋葬、或是教會許可的海葬沒有什麼不同，但是堆肥在他聽來卻有不敬的感覺。我問他何以見得。「這個嘛，當我還是小孩子時，」他回答：「我們有個洞可以丟蘋果皮那一類的東西，然後當作肥料。這只是我的聯想。」

當我和史金考斯基蒙席通電話時，我詢問他有關組織消化的問題。他遲疑了不到一秒鐘，就回答說教會反對「人類遺體流進排水管中」。他解釋天主教會認為不論是遺體本身或是骨灰，人體應得的都是有尊嚴的葬禮（灑骨灰因此仍是種罪惡）。當我再解釋說，公司計畫在系統中加裝選擇性的脫水器，可將液態遺體轉成粉末以供埋葬，就像火化後的骨灰，電話的那頭陷入沉寂。最後他說：「我想那就沒有關係吧。」我有種感覺，他似乎急著結束這場對談。

固體廢棄物處置和葬禮儀式間的分野必須要明確。有趣的是，這是美國環保署並未控管火葬場的原因之一。因為如果真的加以管理，空氣清淨法一百二十九條便會正式含納「固體廢棄物焚化爐」的相關規定。華盛頓環保署廢棄排放部的波特（Fred Porter）向我解釋，這即意味「我們在火葬場中焚化的東西是『固體廢棄物』」，將美國人至愛親友的遺體稱作「固體廢棄物」，環保署可不願背負這項罪名。

魏格—馬沙克也許能成功將堆肥法打進主流，因為她瞭解維繫尊嚴的處理方法和廢棄物處置之間的差異，她明瞭家屬對死亡的肅穆需求。當然某一個程度上來說，尊嚴不過是包裝。當你抽絲剝繭，就會發現離開人世難有尊嚴，無論是腐爛、焚化、解剖、組織消化或是堆肥。而追根究柢，這些方式全都有些讓人不快。只有將精心算計的美化詞彙用上，像埋葬、火葬、解剖捐贈、水分減量、生態葬禮等，遺體的處理才為人所接受。我從前以為傳統的海軍海葬美輪美奐；我想像陽光灑在海洋上，無垠的蔚藍，向著無名的邊際漂流。結果有一天我同貝克曼談話，他提及最乾淨俐落、最能回歸生態的遺體處理方法之一，就是把人體放進生滿舊金山黃金蟹的大潮坑（tidepool）中。顯然這些螃蟹愛吃人的程度，比起人類對螃蟹的喜愛毫不遜色。「在幾天之內就完全解決，全部回收，乾乾淨淨，一口不剩。」我對海葬的好感——更別說是蟹肉了——突然戲劇性地銳減。

魏格—馬沙克結束談話，聽眾鼓掌。如果他們視她為敵人，那他們掩飾的功夫高明。在步出會場時，攝影師要求我們一起和赫辛、以及其他幾位主管為公司網站入鏡。我們側身，腳和肩膀向前跨出，形成面對面的縱列，就像穿著土氣打歌服的doo-wop合聲歌手。當我趁機抓了一隻佛努司衣刷時，我聽見赫辛說公司準備在網站中加上「承諾」公司的連結。一段小心翼翼的合作關係就此展開。

在銀雪平市和魏格－馬沙克在利倫島的住家間，有片座落於山丘上的墓園。如果你一路開到墓園的盡頭，就會發現一小片曠野，在那裡教會終有一日會挖掘更多的墓。步上雜草漫生原野的路上，有一小株杜鵑矮叢矗立。這裡就是「承諾」的測試墓地。去年十二月，魏格－馬沙克調製了相當於一百五十磅重人類屍體的冷凍脫水製成的牛血、骨骼和肉粉末。她將粉末置於玉米澱粉盒中，然後將盒子埋進淺墓裡（泥土下三十五公分，這樣堆肥仍可吸收氧氣）。六月時，她會回來將泥土挖開，確定容器已經瓦解，而內容物實體不再，進入了另一段旅程。

魏格－馬沙克和我默立在不知名家畜的墓旁，好似在表達敬意。現在天色昏暗，難以看清這株植物，不過它似乎茁壯健康。我告訴魏格－馬沙克，我覺得追尋有意義的追思儀式、同時又顧及生態，是件美好之事。我告訴她我會聲援她，然後馬上重新表達我的觀感並省略和園藝相關的部分。

我是認真的。我希望魏格－馬沙克能成功，WR2也是。我支持多元的選擇性，生前如此，死後亦然。我的支持就像瑞典教會、贊助公司和那些民調中正面回應的人們，鼓舞了魏格－馬沙克。牛隻的紀念灌木葉在風中顫抖。「無論過去或是現在，」她吐露：「知道我不是那麼瘋狂實在太重要了。」

註釋

1 此處並未使用一般意指「解剖」的「autopsy」，因為其字首指涉在相同物種身上進行死後的醫學解剖。技術上來說，只有一個人檢驗另一個人時才能稱作「autopsy」，或是在羊的世界裡，一隻羊檢驗另外一隻羊也說得通。

2 工業空氣汙染的組成分子中，火葬場在黑名單上排名落後。它們釋放的微粒約是住宅壁爐排放的一半，排放的氧化氮等同於一般餐廳燒烤的排出量。（這不令人意外，畢竟人體絕大多數是水分。）最大的憂慮來自補牙用的汞，根據環保局和北美火葬協會所作的聯合研究，汞在焚化時以每小時〇．二三克的速度蒸發、飄進空氣中（每具完整遺體焚化約為半公克）。一九九〇年在英國進行並發表於《自然》（*Nature*）期刊的一項獨立調查，估計每次焚化時釋放進大氣的平均汞量是三公克。此數量顯著提高，作者憂心忡忡。但無論如何，相較於發電廠和垃圾焚化爐，死人的牙齒向地球空氣貢獻的汞只占了一小部分。

3 冰凍的人體十分容易碎裂，因為人體內大部分是水。到底有多少水分則還待爭論。在Google上查詢「身體七十％是水分」這句話時出現了六十四個網站，另有二十七個網站認為六十％是水分，四十三個告訴你是八十％或八五％，十二個說是九十％，三個說是九八％，一個認為是九一％。不過談到水母大家則比較有共識：牠們有九八％或九九％是水。這就是我們為什麼從沒見過乾水母點心的緣故。

4 塔德．阿斯多里諾（Todd Astorino）是馬里蘭沙利斯柏利大學（Salisbury University）運動科學計畫（Exercise Science Program）的負責人，他不只能給你明確的答案，而且還是含小數點的數據：我們有七三・八％的水分。他解釋，給實驗自願者加了少量顯影劑的水。四小時後，採樣實驗對象的血液，記錄顯影劑的稀釋程度，就可以（至少塔德可以）知道人體內有多少水分。（體內水愈多，血液內顯影劑愈稀釋。）然後換算水和人體重量比例，答案就出來了。科學真棒！

4

有時反倒是太少。我在哥德堡藍維特機場旅館（Landvetter Airport）商務級的房間沒有時鐘，我想他們顯然假設商務人士可以直接看手錶。電視機搖控器沒有消音功能，我腦海中浮現瑞典搖控器設計師在井然有序的會議中低聲辯論：「但是，茵格瑪，你何必要一個額外按鈕，把聲音調低不就行了？」

12 本書作者的遺體

她究竟會怎麼處理？

解剖學教授將遺體捐予醫學研究早已蔚為傳統。我拜訪過的加州大學舊金山分校派特森教授的觀點如下：「我以教授解剖學為樂，現在妳看，我死後還是可以授業解惑。」他告訴我這感覺就像將了死亡一軍。根據他所言，文藝復興時代帕多瓦（Padua）和波隆那（Bologna）兩地的解剖學大師，在死神悄悄挨近時，會選出最優秀的學生，要求他將自己的頭顱製成解剖陳列品。（若大家有天造訪帕多瓦，還可在大學醫學院中看見其中一些頭骨。）

我不教解剖學，但是瞭解這樣的衝動。幾個月前，我曾考慮是否要成為醫學院課堂用的骷髏模型。幾年前我讀到一篇布萊伯利（Ray Bradbury，譯註：美國科幻文類作家，著名短篇科幻小說集為《火星紀事》〔*The Martian Chronicles*〕）的故事，內容關於一名對於自身骨骼著魔的男子。他以為那是一種有知覺的邪惡存在體，居於他體內，靜待他的死亡，然後骨頭才能緩緩戰勝肉體。我開始思考我的骷髏，這副我永遠見不到的堅硬、美麗的骷髏。我不認為它是篡奪者，反而更像是替身，是我在人間永續不朽的媒介。我常以在房間中閒逛無所事事為樂，現在你瞧，死後樂趣不改。再說，若是微乎其微的來生果真存在，還有返回地球家鄉的選擇，我會駐足醫學院半晌，終於一睹自己的骷髏的真面貌。我喜歡想像自己的骷髏即使在死了之後，依舊活在灑滿陽光、鬧哄哄的教室中。我想要成為未來醫學院學生腦海中的謎：這個女人是誰？她從前是做什麼的？她為何委身於此呢？

當然，更尋常的遺體捐贈一樣容易引發玄奇的臆想。科學領域中至少八成的捐贈遺體都作為解剖室解剖之用。毫無疑問，一具實驗室屍體是解剖者心中盤旋不散的念頭和夢想。對我來說，問題就在於骷髏模型年齡不詳，而且外表討喜，但是歲數八十的遺體不免凋敗萎縮。我只要想到年輕人對著我坍塌的肉體和萎縮的四肢瞠目結舌，就覺得意願全消。我現在四十三歲，年輕人已經露出異樣的眼神了。變成骷髏似乎是個避開羞辱的不錯選擇。

我甚至付諸行動，聯絡了新墨西哥大學（University of New Mexico）的麥克斯威人類學博物館（Maxwell Museum of Anthropology），他們專門接受為製成骷髏的遺體。我告訴館長關於我的作品，並說明我希望親自走一遭，看看骷髏如何製作。在布萊伯利的短篇中，主角的骨頭最後被偽裝成美麗女子的外星人從嘴巴內拉出來。雖然他的下場是像隻水母般堆在客廳地板上，但他的肉體毫髮無傷，滴血未濺。

這當然不是麥克斯威實驗室的情景。我被告知可以在兩項步驟之中擇一觀察：「割除」

（cut-down）或是「傾倒」（pour-out）。割除多少就像是字面上的意思。他們取出骨骼的方式，除了伸縮自如、高度進化的「異形」口腔外，唯一的方式是割開環繞骨架的肉和肌肉。附著在骨上的餘肉和殘腱則必須在溶劑中滾煮數星期來分解，過程中則須定時傾倒湯汁，更換溶液。我腦中浮現帕多瓦的年輕解剖家悉心照料恩師的頭顱，一邊看著它們沸騰浮動。我想到去年讀到，有莎士比亞劇團的演員，面臨劇團成員的臨終請求，指定將他自己的頭顱製作成戲中的約立克（Yorick，譯註：指的是《哈姆雷特》〔*Hamlet*〕第五幕第一景中的情節。約立克是國王的弄臣，在哈姆雷特和掘墓人對話時，早已成了一顆頭骨）。大家是該好好考慮這些要求。

約一個月後，校方回了我一封電子郵件。他們告知我校方已經改採昆蟲為主的處理，即讓蒼蠅幼蟲和肉食性甲蟲自行演出剝除、拔出的割除戲碼。

我沒有報名加入成為骷髏的行列。首先，我不住在新墨西哥，他們也不會來接收遺體。而且，原來校方並不製作骷髏，僅僅處理骨骼。骨骼最後零散不成形，成為大學裡骨學收藏的一部分。[1]

後來我才得知全美國沒有人專為醫學院製作骷髏模型。多年以來，世界各地大多數的醫學院骷髏皆從加爾各答（Calcutta）進口而來。好景不常。根據一九八六年六月十五日的《芝加哥論壇報》（*Chicago Tribune*）報導，印度孩童因為骨骼和頭骨的需求被綁架殺害，此事在印度國內浮上檯面後，一九八五年印度政府即禁止骨骼的出口。根據此專題（我由衷希望這是誇張的數據）所述，每個月有一千五百名兒童在比哈省（Bihar）遇害，之後骨骼被運往加爾各答加工，然後出口。自從禁令公布以來，人骨供應幾乎絕跡。有些由亞洲供給，傳言是從中國的墓園中盜出，或從柬埔寨的殺戮戰場偷來。它們老舊生苔，普遍來說品質不佳，而且目前細部的塑膠骨架已經取代人骨。我成為骷髏的希望就此破滅。

為了差不多愚蠢和自戀的理由，我也一度考慮在哈佛腦庫（brain bank）中永恆安憩。我在「沙龍」網站（Salon.com）的專欄中曾寫過相關文章，但是文章內容讓腦庫負責人大失所望，他以為我會正襟危坐地描述他們嚴肅且值得注意的研究目標。以下是專欄的摘要：

> 成為一位腦捐贈者的理由充分，最棒的是能增益心理障礙的研究。研究者無法藉由研究動物腦部以認識人類心理疾病的成因，因為動物沒有心理疾病。某些動物，比如身形嬌小到可以放在腳踏車籃中的貓狗，似乎將心理疾病囊括在自然性格特徵中，動物也沒有可以診斷出來的腦部失常，像是阿茲海默症（Alzheimer's）和精神分裂症。所以研究者必須研究心理疾病患者的腦部，還有，如你我等正常人類的腦部（好吧，只有你的），可以當作對照組。
>
> 我成為腦捐贈者的理由一點也不冠冕堂皇。我的理由追根究柢是皮夾內那張哈佛腦庫捐贈卡，讓我可以說出「我上哈佛了」而不至於說謊。你不需要腦袋聰明就可以上哈佛腦

庫，你只需要一顆腦。

一個清爽的秋日，我決定造訪我安息的處所。腦庫附屬在哈佛麥克靈醫院（McClean Hospital），座落於波士頓外山坡上數棟氣派的磚宅內。我被指引到梅爾曼研究中心（Mailman Research Building）的三樓。接待的女士將梅爾曼（譯註：字面上意指郵差）說成「梅蒙」，以免訪客脫口問出他們在郵差身上進行什麼實驗。

如果你正考慮成為一位腦捐贈人，最明智的決定就是遠離腦庫。在抵達那兒的十分鐘後，我就看到二十四歲的技術人員將六十七歲死者的腦切片。由於先行冰凍，切下來時不甚俐落，就像切下雀巢巧克力棒（Butterfinger）時餅屑會紛然剝落一般。碎屑很快融化，看起來就不太像巧克力棒了。技術人員用紙巾將它們抹掉。「三年級的腦，拜拜！」他曾因為這樣的話語惹過麻煩。我讀到的報導中，記者曾問他是否計畫捐出腦部，他回答：「才不！我走進來什麼樣子，出去就什麼樣子！」現在再問他，他則輕聲說：「我才二十四歲，我不知道。」

腦庫發言人帶著我四處參觀。解剖室走廊再往下走就是電腦室。發言人將這裡稱為「作業之腦」（the brains of the operation），這樣的說法在其他的作業環境中或許說得通，但在這裡不免有些混淆。走廊盡頭才是真正的腦，但那不符合我的想像。我想像的是漂浮在玻璃罐中的完整腦袋。但這裡的腦被一分為二，一半切成薄片冰凍起來，另一半切成薄片後泡在福馬林中，儲放在塑膠保鮮盒裡。不知為何，我覺得哈佛應該不只如此。如果沒有玻璃罐，至少要用好一點的保鮮瓶吧。不知道今天的學生宿舍成了什麼模樣。

發言人向我保證沒人能看得出來我的腦已經不在。他盡可能安撫我，但同時，沒有說服我成為堅定的腦捐贈者。「首先，」他開始說明：「他們這樣切開皮膚，然後拉開翻到臉上。」這裡他表演了像是脫下萬聖節面具的動作。「他們用鋸子將頭骨上方鋸開，取出腦部，頭骨放回原位固定；把皮膚蓋回，梳整頭髮。」他那活潑的產品推銷語彙，讓取出腦部聽起來像是只需數分鐘的工夫，再用溼抹布擦拭就好……。

我再一次打退堂鼓；倒不是因為摘取的過程——可能讀者已經發現，我並不是個過度敏感的人——而是因為我錯誤的期待。我想要在哈佛做個罐中腦。我想要在陳列架上看起來飄忽迷人。我不想在來生變成碎裂的切片，永久待在儲藏室的冷凍庫中。

還有一個辦法可以變成架上的陳列器官，那就是塑化保存（plastination）。塑化保存是將器官組織（一朵玫瑰花蕾，或是一顆頭顱）中的水分以矽膠聚合液（liquid silicone polymer）取代，將有機體轉變為原封不動的永久保存品。塑化保存是由德國解剖學家恭特．馮．哈根斯（Gunther von Hagens）所研發。就像大多數的塑化製造者，哈根斯是為了解剖學課程而製作教學模型。不過他卻是因為舉辦具爭議性的塑化人體藝術展覽「人體奧妙」(Körperwelten或Bodyworlds)而聲名大噪，此展在過去五年中巡迴世界各地，引起驚異和空前的門票收入(截至目前為止參觀人數已超過八百萬)。剝去皮膚的屍體被布置成活動中的人：游泳、騎馬(包括塑化馬匹)、下棋。有具人形的皮膚像件斗篷在身後飛揚著。哈根斯聲稱文藝復興解剖學家的作品激發他的靈感，如維薩留斯的著作《論人體構造》中呈現活動姿勢的人體插圖，並非一般醫學插圖中平躺或雙手垂在體側的傳統姿勢。一具骷髏揮揮手說哈囉；一個「肌肉男」從山丘頂凝視著坡下的小鎮風光。「人體奧妙」在各地引起教會神父和保守分子的憤怒，理由是人類尊嚴遭到褻瀆。哈根斯則反駁說，展覽中的人體皆是所有者特別為此目的捐贈的。(他在展覽的出口留了一疊捐贈表格。根據二〇〇一年倫敦《觀察報》〔*Observer*〕的報導，登記人數高達三萬七千人。)

大部分哈根斯展出的人體都經由一項稱為「塑化城市」(Plastination City)的作業程序，於中國塑化。據說他雇用兩百名中國員工，聽起來就像從事屍體加工的血汗工廠(sweat shop)。但這一點也不值得驚訝，因為他的技術極為勞力密集，而且耗時——要塑化一具人體得花超過一年的時間。(在哈根斯的專利到期後，道康寧公司〔Dow Corning〕改進的美國技術，只需十分之一的時間。)我聯絡了哈根斯在德國的辦公室，看看我是否能參觀「塑化城市」，見識見識他們到底在捐贈遺體上要什麼把戲，但是哈根斯在旅途中，沒能及時回覆電子郵件。

所以我沒去中國，但是旅行到密西根大學的醫學院拜訪解剖學教授葛洛佛（Roy Glover），以及曾和康寧合作改良技術的塑化化學品製造者寇克朗（Dan Corcoran）。他們為自己的「展示人類：內在奧妙」(Exhibit Human: The Wonders Within）博物館計畫，已經開始塑化全具屍體——本展預定於二〇〇三年中於舊金山展出。他們的計畫純粹講究教育性：十二具塑化（寇克朗傾向使用「聚合保存」〔polymer-preserved〕一詞）的人體，分別展示不同的系統——神經、消化、生殖等等。（到目前為止，還未有美國博物館同意展出「人體奧妙」。）（譯註：本書中譯本出版時，美國洛杉磯加州科學中心〔California Science Center〕已於二〇〇四年七月開展，「人體奧妙」也在二〇〇四年四月抵達臺北。）

葛洛佛提議讓我看看他的塑化作品。我們約在他的辦公室。葛洛佛有張長臉，讓我想起英國演員凱羅（Leo G. Carroll, 1892-1972）。（我最近剛看了電影《毒蛛》〔*Tarantula*〕，凱羅在電影中飾演一名科學家，發明出將無害動物變成巨大恐怖的變形的方法，比如說，「像警犬那麼大的天竺鼠！」）你看得出葛洛佛是個好人，因為他辦公室牆上的白板寫著「今日事項」：「瑪麗亞．羅培茲（Maria Lopez），給女兒腦——科展用。」我決定這就是我想要的。遊歷在課堂和科學展覽間，讓孩童驚嘆，激發他們未來的科學生涯。葛洛佛帶我走過通道，到了一間儲藏室，牆上的架子擺滿了塑化的人體部位和碎塊。有片切得像塊麵包的腦和裂成兩半的頭顱，你可以看見鼻竇的迂迴和舌頭深邃神祕的根源。你可以拿起器官讚嘆一番，因為它們完全乾燥，毫無異味。但是，它們看來依舊真實，而非塑膠製品。對許多研究解剖、卻無暇實際解剖的學科而言（牙科、護理、語言病理學），像這樣的模型有如天賜。

葛洛佛帶我往下走到塑化實驗室，裡頭冷颼颼的，堆了些笨重、奇形怪狀的水槽。他開始解釋過程：「首先洗淨軀體。」這項步驟和遺體生前作法差不多：放進澡盆中。「這是具遺體，」葛洛佛畫蛇添足，指著躺在浴缸中的人體。

這名男子約六十多歲，留著鬍子，刺著刺青，兩樣皆可在塑化過程中保留下來。頭部隱沒在水面下，讓遺體看起來有種謀殺案被害人的狼狽。還有，前胸壁已經和軀體分離，橫在體側。看起來像是古羅馬戰士的鎧甲，或者，是我需要這樣的想像罷了。葛洛佛說他和寇克朗打算在胸壁的一邊接上樞紐，讓它可以像「冰箱門」一樣打開，露出裡面的器官。（幾個月後，我看到展出作品的照片。令人失望的是，冰箱門的主意一定被否決掉了。）

第二具屍體躺在丙酮不鏽鋼槽中，每次葛洛佛拉起蓋子，實驗室就溢滿強烈的指甲油去光水味。丙酮將體內的水分驅出，為稍後的矽膠聚合液注入作準備。我試著想像這死去的男人在科學館展示臺上支撐展示的模樣。「它會穿上衣物嗎？還是生殖器就這樣露在外面？」我莽撞地問。「就這樣露在外面，」葛洛佛回答。看來，他似乎以前就回答過相同的問題。「我的意思是，這是人體解剖完全自然的一個部分。我們為什麼要遮掩呢？」

屍體泡完丙酮澡後，被移到全身塑化室中，即圓柱狀的不鏽鋼槽，裡面裝滿了聚合液。一架接連至不鏽鋼槽的真空機降低內部壓力，將丙酮轉化成氣體抽出。「當丙酮從人體中洩出時，空間出現，聚合液跟著注入。」葛洛佛說。他交給我一支手電筒，我好從槽頂的汽門看進去，一眼望去看到的剛好是人體解剖完全自然的那個部分。

它在裡頭貌似安詳。就像放大成警犬大小般的天竺鼠，塑化的概念比現實來得聳動。你只是躺在那兒，浸泡塑化。最終有人會把你抬起，幫你擺個姿勢，好像幫甘比娃娃（Gumby，譯註：卡通人物，像隻雙眼骨碌碌的綠色外星人，讀者可參考網站 www.gumbyworld.com）擺pose一樣。接著你的皮膚被抹上催化劑（catalyst），然後為時兩天的硬化過程開始，催化劑逐漸蔓延到組織中，在你初死亡的階段就將你化為永恆。我詢問一位密西根東南部的殯葬業者穆勒（Dean Mueller），塑化後的屍體可以維持多久（他的公司「永存」〔Eternal Preservation〕提供喪葬塑化，花費約為五萬美元）；他說至少一萬年，這對任何神志清醒或是精神錯亂的人來說，都算得上永恆吧。穆勒高度期待這種處理會在國家元首（試檢塑化對列寧可能的影響）和古怪的富豪間流行起來。

我很樂意捐贈器官作為教學器材，但除非我搬到密西根或是也有塑化室的其他州，否則行不通。當然我可以要求家人將我運至密西根，不過這未免傻氣。再說，當你將遺體捐予科學研究時，不能指定用途，只能指名你不願接受的項目。葛洛佛和寇克朗多年來塑化的人體部位，都來自那些在密西根大學捐贈表格上勾選不反對「永久保存」的人，但是捐贈人無法指定要求塑化。

除此之外，我還想到，當你已經不在人世享受做決定帶來的喜悅和利益，想要控制遺體的下落變得沒什麼道理。針對遺體處置錙銖必較的人，可能就是無法對逝去釋懷的人。身後留下一張紙條，要求你的親友千里迢迢到恆河或是把你的遺體運到密西根的塑化室，就是企圖在死後依舊左右他人，或某個程度上來說，不願撒手。我猜想這是懼怕死亡的症狀，拒絕接受你已經不能控制、甚至參與的人世間事物。我和殯儀館經營人麥蓋伯談起此事，他相信遺體處置應該由活著的人決定，而非死者。「死了之後發生什麼事，就不干死人的事了，」他這樣告訴我。我不會那麼誇張，但是我明白他的意思：就是存活者沒有義務選擇讓他們不愉快或是在道德上反對的處置方式。哀悼和走出悲痛已經夠困難了。何必徒增包袱呢？如果有人安排讓死者骨灰搭乘氣球射進內太空，也未嘗不可。但是如果有任何困擾麻煩，也許他們就不該為此心煩。麥蓋伯的原則是尊重家屬的意願，勝過死者的遺願。遺體捐贈計畫的籌畫人感受相同。「曾有子女反對他們的父親的（捐贈）願望，」馬里蘭大學醫學院解剖事務部的負責人韋德說：「我告訴他們：『順著自己的心意作決定，是你們要和這項決定共存。』」

同樣的狀況發生在我父親和母親之間。我的父親從年輕時便拒絕組織性的宗教，因此要求母親將他的骨灰置於樸拙的松木盒中，而且不要舉辦追悼儀式。而我的母親，在違反她自身的天主教信仰下，遵循了他的遺願。但她後來心生懊悔。幾乎所有不熟的人都因為不舉行追思禮拜而懷抱失望情緒而質問她。（父親在鎮上是個廣受愛戴的人物。）母親一邊面對這樣的詆毀，一邊又覺羞愧。骨灰甕是更多不適的來源，一方面是因為天主教會堅持遺體下葬，即使是火化後的骨灰亦然，另一方面她也不喜歡這甕放在房內。老爸就這樣在衣櫥中待了一兩年，直到有一天，在未告知哥哥和我的情況下，她把他帶到蘭德殯儀館，置所有罪惡感不顧，將甕埋在墓園中她未來預定的位置旁邊。剛開始我站在父親那邊，對她不尊重父親要求的作法感到氣憤。但當我瞭解到她為了父親遺願如此苦惱時，我改變了心意。

如果我將遺體捐給科學機構，我的丈夫艾德（Ed）就必須想像我躺在解剖桌的景象，更糟的是，想像在我身上進行的所有實驗。很多人不會介意。但艾德對身體（無論是死是活）特別神經質。這是個不願戴隱形眼鏡的男人，因為他不願用手觸摸眼球。我必須在他出城時才可以在傍晚觀賞手術頻道。幾年前當我告知他我正考慮加入哈佛腦庫時，他使勁搖頭：「我投否決票！」

艾德想要如何處置我，那就是我的歸宿。（唯一的例外是器官捐贈。如果我要以腦死收場、但器官健在，一定得要有人受益，管他的神經過敏。）如果艾德先走，我才會填遺體捐贈表。

假設最後我上了解剖臺，我會在檔案中為解剖系學生準備一份傳記資料（你有權附上），所以當他們俯視我崩毀的軀殼時會說：「嘿，看看這個，我的遺體是寫關於屍體那本書的女人。」而假若我有辦法動手腳的話，我會讓屍體會心地眨一眨眼。

註釋

1 如果你家住附近，請務必捐贈。麥克斯威博物館擁有全世界唯一的近代——近十五年來——人骨，研究內容包羅萬象，從刑事鑑定到疾病的骨骼特徵都有。PS.：你的親人可以去探視你的骨頭，工作人員會替你排列，但也許不會是完整的骨架外形。

參考書目

第一章——頭顱要是任意丟棄，那就太可惜了

Burns, Jeffrey P., Frank E. Reardon, and Robert D.Truog. "Using Newly Deceased Patients to Teach Resuscitation Procedures." *New England Journal of Medicine* 331 (24):1652–55 (1994).

Hunt,Tony. *The Medieval Surgery*. Rochester: Boydell Press, 1992.

The Lancet. "Cooper v.Wakley." 1828–29 (1), 353–73.

———."Guy's Hospital." 1828–29 (2), 537–38.

Richardson, Ruth. *Death, Dissection, and the Destitute.* London: Routledge & Kegan Paul, 1987.

Wolfe, Richard J. *Robert C. Hinckley and the Recreation of the First Operation Under Ether.* Boston: Boston Medical Library in the Francis A. Countway Library of Medicine, 1993.

第二章——解剖的原罪

Bailey, James Blake. *The Diary of a Resurrectionist.* London: S. Sonnenschein, 1896.

Ball, James Moores. *The Sack-'Em-Up Men: An Account of the Rise and Fall of the Modern Resurrectionists.* London and Edinburgh: Oliver & Boyd, 1928.

Berlioz, Hector. *The Memoirs of Hector Berlioz.* Edited by David Cairns. London: Victor Gollancz, 1969.

Cole, Hubert. *Things for the Surgeon: A History of the Resurrection Men.* London: Heinemann, 1964.

Dalley,Arthur F., Robert E. Driscoll, and Harry E. Settles. "The Uniform Anatomical Gift Act: What Every Clinical Anatomist Should Know." *Clinical Anatomy* 6:247–54 (1993).

The Lancet. "Human Carcass Butchers." Editorial, 31 January 1829. 1828–29 (1), 562–63.

———. "The Late Horrible Murders in Edinburgh, to Obtain Subjects for Dissection." Abridged from *Edinburgh Evening Courant.* 1828–29 (1), 424–31.

Lassek, A. M. *Human Dissection: Its Drama and Struggle.* Springfield, Ill.: Charles C. Thomas, 1958.

O'Malley, C. D. *Andreas Vesalius of Brussels 1514–1564*. Berkeley and Los Angeles: University of California Press, 1964.
Onishi, Norimitsu. "Medical Schools Show First Signs of Healing from Taliban Abuse." *New York Times,* 15 July 2002, A10.
Ordoñez, Juan Pablo. *No Human Being Is Disposable: Social Cleansing, Human Rights, and Sexual Orientation in Colombia.* A joint report of the Colombia Human Rights Committee, the International Gay and Lesbian Human Rights Commission, and Proyecto Dignidad por los Derechos Humanos en Colombia, 1995.
Persaud,T.V. N. *Early History of Human Anatomy: From Antiquity to the Beginning of the Modern Era.* Springfield, Ill.: Charles C.Thomas, 1984.
Posner, Richard A., and Katharine B. Silbaugh. *A Guide to America's Sex Laws.* Chicago: University of Chicago Press, 1996.
Rahman, Fazlur. *Health and Medicine in the Islamic Tradition: Change and Identity.* New York: Crossroad, 1987.
Richardson, Ruth. *Death, Dissection, and the Destitute.* London: Routledge & Kegan Paul, 1987.
Schultz, Suzanne M. *Body Snatching:The Robbing of Graves for the Education of Physicians in Early Nineteenth Century America.* Jefferson, N.C.: McFarland, 1991.
Yarbro, Stan."In Colombia, Recycling Is a Deadly Business." *Los Angeles Times,* 14 April 1992.

第三章——不朽的來生

Evans, W. E. D. *The Chemistry of Death.* Springfield, Ill.: Charles C. Thomas, 1963.
Mayer, Robert G. *Embalming: History, Theory, and Practice.* Norwalk, Conn.: Appleton & Lange, 1990.
Mitford, Jessica. *The American Way of Death.* New York: Simon & Schuster, 1963.
Nhā t Hanh, Thích. *The Miracle of Mindfulness.* Boston: Beacon Press, 1987.
Quigley, Christine. *The Corpse: A History.* Jefferson, N.C.: McFarland, 1996.
Strub, Clarence G., and L. G."Darko" Frederick. *The Principles and Practice of Embalming.* 4th edition. Dallas: L. G. Frederick, 1967.

第四章——屍體能開車？

Brown, Angela K."Hit-and-Run Victim Dies in Windshield, Cops Say." *Orlando Sentinel,* 3 August 2002.
Claes, H., B. Bijnenes, and L. Baert. "The Hemodynamic Influence of the Ischiocavernosus Muscles on Erectile Function." *Journal of Urology* 156:986–90

(September 1996).
Droupy, S., et al. "Penile Arteries in Humans." *Surgical Radiologic Anatomy* 19:161–67 (1997).
Edwards, Gillian M."Case of Bulimia Nervosa Presenting with Acute, Fatal Abdominal Distension." Letter to the editor in *The Lancet,* April 6, 1985. 822–23.
King, Albert I. "Occupant Kinematics and Impact Biomechanics." In *Crashworthiness of Transportation Systems: Structural Impact and Occupant Protection.* Netherlands: Kluwer Academic Publishers, 1997.
———, et al. "Humanitarian Benefits of Cadaver Research on Injury Prevention." *Journal of Trauma* 38 (4):564–69 (1995).
Le Fort, René. *The Maxillo-Facial Works of René Le Fort.* Edited and translated by Hugh B. Tilson, Arthur S. McFee, and Harold P. Soudah. Houston: University of Texas Dental Branch.
Matikainen, Martii."Spontaneous Rupture of the Stomach." *American Journal of Surgery* 138: 451–52.
O'Connell, Helen E., et al. "Anatomical Relationship Between Urethra and Clitoris." *Journal of Urology* 159:1892–97 (June 1998).
Patrick, Lawrence. "Forces on the Human Body in Simulated Crashes." In *Proceedings of the Ninth Stapp Car Crash Conference—October 20–21, 1965.* Minneapolis:
University of Minnesota, 1966.
———."Facial Injuries—Cause and Prevention." In *The Seventh Stapp Car Crash Conference—Proceedings.* Springfield, Ill.: Charles C. Thomas, 1963.
———, ed. *Eighth Stapp Car Crash and Field Demonstration Conference.* Detroit: Wayne State University Press, 1966.
Schultz, Willibrord W., et al. "Magnetic Resonance Imaging of Male and Female
Genitals During Coitus and Female Sexual Arousal." *British Medical Journal* 319:1596–1600 (1999).
Severy, Derwyn, ed. *The Seventh Stapp Car Crash Conference—Proceedings.* Springfield, Ill.: Charles C.Thomas, 1963.
U.S. House Committee on Interstate and Foreign Commerce. *Use of Human Cadavers in Automobile Crash Testing: Hearing Before the Subcommittee on Oversight and Investigations.* 95th Cong., 2d sess. 4 August 1978.
Vinger, Paul F., Stefan M. Duma, and Jeff Crandall. "Baseball Hardness as a Risk Factor for Eye Injuries." *Archives of Ophthalmology* 117:354–58 (March 1999).
Yang, Claire, and William E. Bradley. "Peripheral Distribution of the Human
Dorsal Nerve of the Penis." *Journal of Urology* 159:1912–17 (June 1998).

第五章——黑盒子以外的祕密

Clark, Carl, Carl Blechschmidt, and Fay Gorden."Impact Protection with the 'Airstop' Restraint System. In *The Eighth Stapp Car Crash and Field Demonstration Conference—Proceedings.* Detroit:Wayne State University Press, 1966.

Mason, J. K., and W. J. Reals, eds. *Aerospace Pathology.* Chicago: College of American Pathologists Foundation, 1973.

———, and S.W.Tarlton. "Medical Investigation of the Loss of the Comet 4B Aircraft, 1967." Lancet, March 1, 1969, 431–34.

Snyder, Richard G. "Human Survivability of Extreme Impacts in Free-Fall." Civil Aeromedical Research Institute, August 1963. Reproduced by the National Technical Information Service, Springfield,Va., publication AD425412.

Synder, Richard G., and Clyde C. Snow. "Fatal Injuries Resulting from Extreme Water Impact." Civil Aeromedical Institute, September 1968. Reproduced by the National Technical Information Service, Springfield,Va., publication AD688424.

Vosswinkel, James A., et al. "Critical Analysis of Injuries Sustained in the TWA Flight 800 Midair Disaster." *Journal of Trauma* 47 (4):617–21.

Whittingham, Sir Harold,W. K. Stewart, and J. A.Armstrong. "Interpretation of Injuries in the Comet Aircraft Disasters." *Lancet,* June 4, 1955, 1135–44.

第六章——替活人挨子彈？

Bergeron, D. M., et al. "Assessment of Foot Protection Against Anti-Personnel Landmine Blast Using a Frangible Surrogate Leg." UXO Forum 2001, 9–12 April 2001.

Fackler, Martin L. "Theodor Kocher and the Scientific Foundation of Wound Ballistics." *Surgery, Gynecology & Obstetrics* 172:153–60 (1991).

Göransson, A. M., D.H. Ingvar, and F. Kutyna."Remote Cerebral Effects on EEG in High-Energy Missile Trauma." *Journal of Trauma*, January 1988, S204.

Haller, Albrecht von. *A Dissertation on the Sensible and Irritable Parts of Animals.* Baltimore: Johns Hopkins Press, 1936.

Harris, Robert M., et al. *Final Report of the Lower Extremity Assessment Program (LEAP).*Vol. 2, USAISR Institute Report No.ATC-8199, August 2000.

Jones, D. Gareth. *Speaking for the Dead: Cadavers in Biology and Medicine.* Brookfield, England: Ashgate, 2000.

La Garde, Louis A. *Gunshot Injuries: How They Are Inflicted, Their Complications and Treatment.* New York: William Wood, 1916.

Lovelace Foundation for Medical Education and Research. *Estimate of Man's*

Tolerance to the Direct Effects of Air Blast. Defense Atomic Support Agency Report, October 1968.

MacPherson, Duncan. *Bullet Penetration: Modeling the Dynamics and the Incapacitation Resulting from Wound Trauma.* El Segundo, Calif.: Ballistic Publications, 1994.

Marshall, Evan P., and Edwin J. Snow. *Handgun Stopping Power: The Definitive Study.* Boulder, Colo.: Paladin Press, 1992.

Phelan, James M. "Louis Anatole La Garde, Colonel, Medical Corps, U.S.Army. " *Army Medical Bulletin* 49 (July 1939).

Surgeon General of the Army. "Report of Capt. L. A. La Garde." *Report to the Secretary of War for the Fiscal Year 1893.*Washington: Government Printing Office, 1893.

U.S. Senate. *Transactions of the First Pan-American Medical Congress.* 53rd Cong., 2d sess., Part I. 5, 6, 7, and 8 September 1893.

第七章——替誰上十字架？

Barbet, Pierre. *A Doctor at Calvary: The Passion of Our Lord Jesus Christ as Described by a Surgeon.* Fort Collins, Colo.: Roman Catholic Books, 1953.

Nickell, Joe. *Inquest on the Shroud of Turin—Latest Scientific Findings.* Buffalo, N.Y.: Prometheus Books, 1983.

Zugibe, Frederick T. "The Man of the Shroud Was Washed." *Sindon N.S.* Quad. No. 1, June 1989.

———."Pierre Barbet Revisited." Sindon N.S. Quad. No. 8, December 1995.

第八章——要怎麼知道你已經「登出」了？

Ad Hoc Committee of the Harvard Medical School to Examine the Definition of Brain Death. "A Definition of Irreversible Coma." *Journal of the American Medical Association* 205 (6): 85–90 (5 August 1968).

Bondeson, Jan. *Buried Alive.* New York: W.W. Norton & Company, 2001.

Brunzel, B.,A. Schmidl-Mohl, and G. Wollenek. "Does Changing the Heart Mean Changing Personality? A Retrospective Inquiry on 47 Heart Transplant Patients." *Quality of Life Research* 1:251–56 (1992).

Clarke, Augustus P."Hypothesis Concerning Soul Substance." Letter to the Editor, *American Medicine* II (5):275–76 (May 1907).

Edison, Thomas A. *The Diary and Sundry Observations of Thomas Alva Edison.* Edited by Dagobert D. Runes.Westport, Conn.: Greenwood Press, 1968.

Evans, Wainwright. "Scientists Research Machine to Contact the Dead." *Fate*, April 1963, 38–43.

French, R. K. *Robert Whytt, The Soul, and Medicine.* London: Wellcome Institute of the History of Medicine, 1969.

Hippocrates. *Places in Man.* Edited, translated, and with commentary by Elizabeth M. Craik. Oxford: Clarendon Press, 1998.

Kraft, I. A."Psychiatric Complications of Cardiac Transplantation." *Seminars in Psychiatry* 3:89–97 (1971).

Macdougall, Duncan. "Hypothesis Concerning Soul Substance Together with Experimental Evidence of the Existence of Such Substance." *American Medicine* II (4):240–43 (April 1907).

———."Hypothesis Concerning Soul Substance." Letter to the Editor, *American Medicine II* (7): 395–97 (July 1907).

Nutton, Vivian. "The Anatomy of the Soul in Early Renaissance Medicine." In *The Human Embryo: Aristotle and the Arabic and European Traditions.* Exeter, Devon: University of Exeter Press, 1990.

Pearsall, Paul. *The Heart's Code: Tapping the Wisdom and Power of Our Heart Energy.* New York: Broadway Books, 1998.

Rausch, J. B., and K. K. Kneen."Accepting the Gift of Life: Heart Transplant Recipients' Post-Operative Adaptive Tasks." *Social Work in Health Care* 14 (1):47–59 (1989).

Roach, Mary. "My Quest for Qi." *Health.* March 1997, 100–104.

Tabler, James B., and Robert L. Frierson. "Sexual Concerns after Heart Transplantation." *Journal of Heart Transplantation* 9 (4):397–402 (July/August 1990).

Whytt, Robert. *The Works of Robert Whytt, M.D., Late Physician to His Majesty.* Edinburgh: 1751.

Youngner, Stuart J., et al. "Psychosocial and Ethical Implications of Organ Retrieval." *New England Journal of Medicine* 313 (5):321–23 (1 August 1985).

第九章——不過是顆頭顱

Beaurieux. *Archives d'Anthropologie Criminelle.*T. xx, 1905.

Demikhov,V. P. *Experimental Transplantation of Vital Organs.* New York: Consultants Bureau, 1962.

Fallaci, Oriana."The Dead Body and the Living Brain." *Look*, 28 November 1967.

Guthrie, Charles Claude. *Blood Vessel Surgery and Its Applications.* Reprint, with a biographical note on Dr. Guthrie by Samuel P. Harbison and Bernard Fisher. Pittsburgh: University of Pittsburgh Press, 1959.

Hayem, G., and G. Barrier. "Effets de l'anémie totale de l'encephale et de ses diverses parties, étudies à l'aide la décapitation suivie des tranfusions de sang."

Archives de physiologie normale et pathologique, 1887 Series 3,Volume X. Landmarks II. Microfiche.

Kershaw, Alister. *A History of the Guillotine.* London: John Calder, 1958.

Laborde, J.-V."L'excitabilité cérébrale après décapitation: nouvelle experiences sur deux suppliciés: Gagny et Heurtevent." *Revue Scientifique,* 28 November 1885, 673–77.

———."L'excitabilité cérébrale après décapitation: nouvelle recherches physiologiques sur un supplicié (Gamahut)." *Revue Scientifique*, July 1885, 107–12.

———."Recherches expérimentales sur la tête et le corps d'un supplicié (Campi)." *Revue Scientifique*, 21 June 1884, 777–86.

Soubiran, André. *The Good Doctor Guillotin and His Strange Device.* Translated by Malcolm MacCraw. London: Souvenir Press, 1964.

White, Robert J., et al. "Cephalic Exchange Transplantation in the Monkey." *Surgery* 70 (1):135–39.

———, et al. "The Isolation and Transplantation of the Brain: An Historical Perspective Emphasizing the Surgical Solutions to the Design of These Classical Models." *Neurological Research* 18:194–203 (June 1996).

第十章——大啖人肉

Bernstein, Adam M., Harry P. Koo, and David A. Bloom. "Beyond the Trendelenburg Position: Friedrich Trendelenburg's Life and Surgical Contributions." *Surgery* 126 (1):78–82.

Chong, Key Ray. *Cannibalism in China*. Wakefield, N.H.: Longwood Academic, 1990.

Garn, Stanley M., and Walter D. Block. "The Limited Nutritional Value of Cannibalism." *American Anthropologist* 72:106.

Harris, Marvin. *Good to Eat.* New York: Simon & Schuster, 1985.

Kevorkian, Jack. "Transfusion of Postmortem Human Blood." *American Journal of Clinical Pathology* 35 (5):413–19 (May 1961).

Le Fèvre, Nicolas. *A Compleat Body of Chymistry.Translation of Traicté de la chymie,* 1664. New York: Readex Microprint, 1981. Landmarks II series. Micro-opaque.

Lemery, Nicholas. *A Course of Chymistry.* 4th edition, translated from the 11th edition in the French. London: A. Bell, 1720.

Peters, Hermann. *Pictorial History of Ancient Pharmacy.* Translated and revised by William Netter. Chicago: G. P. Engelhard, 1889.

Petrov, B.A. "Transfusions of Cadaver Blood." *Surgery* 46 (4):651–55 (October 1959).

Pomet, Pierre. *A Compleat History of Druggs.* Volume 2, Book 1: Of Animals. Third edition. London, 1737.

Read, Bernard E. *Chinese Materia Medica: Animal Drugs.* From the *Pen Ts'ao Kang Mu* by Li Shih-chen, A.D. 1597.Taipei: Southern Materials Center, 1976.

Reuters. "Court Releases Crematorium Cannibals." Oddly Enough section. 6 May 2002.

———."Diners Loved Human-Flesh Dumplings." *Arizona Republic*, 30 March 1991.

Rivera, Diego. *My Art, My Life:An Autobiography.* Reprint. Mineola, N.Y.: Dover, 1991.

Roach, Mary. "Don't Wok the Dog." *California,* January 1990, 18–22.

———."Why Doesn't Anyone Have Dropsy Anymore?" Salon.com, 2 July 1999.

Sharma, Yojana, and Graham Hutchings. "Chinese Trade in Human Foetuses for Consumption Is Uncovered." *Daily Telegraph* (London), 13 April 1995.

Tannahil, Reay. *Flesh and Blood.* Briarcliff Manor, N.Y.: Stein & Day, 1975.

Thompson, C. J. S. *The Mystery and Art of the Apothecary.* Philadelphia: J.B. Lippincott, 1929.

Walen, Stanley, and Roy Wagner. "Comment on 'The Limited Nutritional Value of Cannibalism.'" *American Anthropologist* 73:269–70 (1971).

Wootton, A. C. *Chronicles of Pharmacy.* London: Macmillan, 1910.

Zheng, I. *Scarlet Memorial: Tales of Cannibalism in Modern China.* Translated by T. P. Sym. Boulder, Colo.:Westview Press, 1996.

第十一章——出了火坑，進堆肥箱

Mills, Allan. "Mercury and Crematorium Chimneys." *Nature* 346:615 (16 August 1990).

Mount Auburn (Massachusetts) Cemetery Scrapbook I, page 5. "Disposing of Corpses: Improvements Suggested on Burial and Cremation. "Article from unnamed newspaper, 18 April 1888.

Prothero, Stephen. *Purified by Fire: A History of Cremation in America.* Berkeley and Los Angeles: University of California Press, 2001.

第十二章——本書作者的遺體

O'Rorke, Imogen. "Skinless Wonders: An Exhibition of Flayed Corpses Has Been Greeted with Popular Acclaim and Moral Indignation." *The Observer* (London), 20 May 2001.

United Press International. "Boston Med Schools Fear Skeleton Pinch: Plastic Facsimiles Are Just Passable." *Chicago Tribune*, 15 June 1986. Final Edition.

科學人文 91

不過是具屍體：

挨刀、代撞、擋子彈……千奇百怪的人類遺體應用史

Stiff: The Curious Lives of Human Cadavers

作者	瑪莉・羅曲（Mary Roach）
譯者	林君文
資深編輯	張擎
責任企劃	林欣梅
封面設計	謝捲子
內頁排版	薛美惠
人文線主編	王育涵
總編輯	胡金倫
董事長	趙政岷
出版者	時報文化出版企業股份有限公司 108019 臺北市和平西路三段 240 號 7 樓 發行專線｜ 02-2306-6842 讀者服務專線｜ 0800-231-705 ｜ 02-2304-7103 讀者服務傳真｜ 02-2302-7844 郵撥｜ 1934-4724 時報文化出版公司 信箱｜ 10899 臺北華江橋郵政第 99 信箱
時報悅讀網	www.readingtimes.com.tw
人文科學線臉書	http://www.facebook.com/humanities.science
法律顧問	理律法律事務所｜陳長文律師、李念祖律師
印刷	家佑印刷有限公司
初版一刷	2004 年 11 月 29 日
二版一刷	2018 年 8 月 10 日
三版一刷	2024 年 3 月 15 日
定價	新台幣 420 元

時報文化出版公司成立於一九七五年，並於一九九九年股票上櫃公開發行，於二〇〇八年脫離中時集團非屬旺中，以「尊重智慧與創意的文化事業」為信念。

ISBN 978-626-374-847-7 ｜ Printed in Taiwan

不過是具屍體：挨刀、代撞、擋子彈……千奇百怪的人類遺體應用史／瑪莉・羅曲（Mary Roach）著；林君文譯 . ｜ -- 三版 . -- 臺北市：時報文化出版企業股份有限公司，2024.03 ｜ 288 面；14.8×21 公分 .
譯自：Stiff: The Curious Lives of Human Cadavers ｜ ISBN 978-626-374-847-7（平裝）
1. CST：人體解剖學｜ 394 ｜ 112022923